知っておきたい
日本の絶滅危惧植物図鑑

長澤淳一
瀬戸口浩彰 [著]

創元社

目次　Part 1
絶滅危惧植物とは何か（瀬戸口浩彰）………3

日本の絶滅危惧種の半分以上は植物
危険度を示す3つのランク
定性的な評価と定量的な評価
レッドリストとは何か
植物ではいまや調査員が絶滅危惧
もう一つの絶滅危惧種のカテゴリー
私たちを取り巻く環境の変化
生物多様性とは何か
多様性はなぜ必要なのか
単一の植物で構成される森や畑は弱い
多様性がもたらす利益
絶滅危惧植物を守る方法
域外保全で最も気をつけること：善意による多様性の低下
地域の協力でより良い域外保全を
植物たちの声なきSOSを聞く

全国の植物多様性保全拠点園 ………26

Part 2
絶滅危惧植物図鑑（長澤淳一）………27
＊和名50音順（属・類などを含む）

環境省レッドリスト2019〈維管束植物〉………208

和名索引 ………232

あとがき ………234

Part 1

絶滅危惧植物
とは何か

瀬戸口浩彰

日本の絶滅危惧種の
半分以上は植物

　絶滅する可能性が高い生物種のことを「絶滅危惧種」と言います。2019年に環境省が公表したこれらの生物種は3676種になりました。このうちの2027種が植物[*1]で、その割合は55％を超えています。日本の絶滅危惧種の半分以上は植物なのです（図1）。

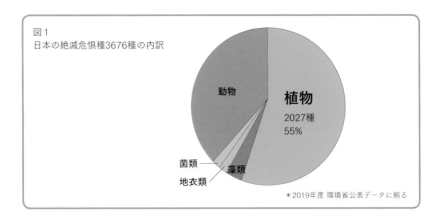

図1
日本の絶滅危惧種3676種の内訳

動物

菌類
地衣類
藻類

植物
2027種
55％

＊2019年度 環境省公表データに拠る

　テレビ番組などで取り上げられる頻度から、絶滅危惧種と言えばトキやコウノトリ、イリオモテヤマネコやアマミノクロウサギのような、ほ乳類や鳥類が主役というイメージを私たちは抱きがちです。しかし絶滅危惧のほ乳類はわずかに33種、鳥類は98種です。2000種を超える植物とは桁数が違います。

　私たちは、日本から多くの植物が消えてしまうリスクを抱えている現実を知ることが求められています。そこでこのパート1では、イメージとしてはわかったような気がしている「絶滅危惧種」の定義についてまとめることから始めたいと思います。

　また、日本ではこの他にも「国内希少野生動植物種」という、異なる視点から守るべき種を指定して、こちらは「種の保存法」という法律で守っています。2019年の時点で293種が指定されていて半数以上は植物です。これらの種は、採取や売買が原則として禁止されており、違反すると逮捕・起訴されて懲役刑や罰金刑を伴います。ですから、「採集観察に関心がある人」や山野草の栽培をしている人には特に知識が必要です。これについても後述します。

＊1 ここでは種子植物、シダ植物、コケ植物の3つを「植物」として扱っています。環境省のデータでは藻類や菌類なども植物に含めていますが、高等学校の学習内容のレベルで、これらは植物とは異なることが明記されていますので、独自のカウントをしています。

そして、このパートで私が伝えたいメッセージを最初に書いておきます。絶滅危惧植物を守ることは大切です。しかし、守るための技術は栽培の経験がないと得られません。日本は豊かな植物を有し、古い時代から山野草の栽培が行われ、それが庶民レベルで維持されてきました。野生植物、特に絶滅危惧とされる植物の栽培には技術が必要ですので、何でも禁止してしまうことは保護増殖に影響が出てしまいます。日本の園芸文化を守ることもできなくなります。ですから、いまの時代の知識やモラル、規則を正しく理解しながら、野生植物を育み親しむ機会も維持したいと思うのです。そのようなスタンスで、絶滅危惧植物についてまとめたいと思います。

危険度を示す
3つのランク

絶滅危惧種における「絶滅の可能性」は、国際的な基準に沿って科学的に評価して決めています。その国際的な基準を決めているのは、実は民間団体なのです。IUCN（国際自然保護連合）と呼ばれるスイスに拠点を置く非政府組織が2001年に設定したものに基づいています。IUCNについては後でもう少し詳しく説明します。

絶滅危惧種には3種類の危険度のランクが設定されています。絶滅の恐れが高い順に「CR」「EN」「VU」となっています。意訳をすると、それぞれの意味は次のようになっています。

CR(Critically Endangered)：
「深刻な危機」ごく近い将来に絶滅の危険性が極めて高い状態
EN(Endangered)：
「危機」絶滅の危険性が高い状態
VU(Vulnerable)：
「危急」絶滅の危険が増している脆弱な状態

英語を使い慣れていない日本人にはわかりにくく、また多くの人に理解が広まることが大切ですので、環境省は日本独自の表現を添えて次のようにしています。これが、私たちが日常でみる絶滅危惧種の危険度ランク「IA類」「IB類」「II類」という分類です。

絶滅危惧 I 類 ── 絶滅危惧 IA 類（IUCNにおけるCR）
　　　　　　　└─ 絶滅危惧 IB 類（IUCNにおけるEN）
絶滅危惧 II 類 ── 絶滅危惧 II 類（IUCNにおけるVU）

確かにこちらの方が、直感的にわかりやすいですね。このような経緯で、日本

国内では後者の「IA類」「IB類」「Ⅱ類」の方を主に使い、国外への情報発信や英語表記では世界共通のIUCNの表現である「CR」「EN」「VU」を使い分けています。

これらの３つの危険度に加えて、IUCNは他のランクも設定しています。

EX(Extinct):
　「絶滅」ニホンオオカミのように野生でも飼育・栽培下でも絶滅したと考えられる状態
EW(Extinct in Wild):
　「野生絶滅」野生では絶滅したものの、飼育・栽培された状態で存続している状態

　この２つは、すでに「絶滅を危惧する」状態を超えてしまった残念なランクであると言えるでしょう。なお、評価対象の生物が十分な調査で見つからなくても、長期間にわたって「野生絶滅」の状態に残しておき、「絶滅」は十分な期間を経てから使うようにIUCNは勧告しています。かつてニホンカワウソが高知県で最後に見られてから数十年後にようやく「絶滅」にされたのもこの基準に拠っています。

　逆に、絶滅危惧よりも緩やかなレベルも設定されています。

NT(Near Threatened):
　「準絶滅危惧」個体数の減少や生育状況が悪化していることが続いていることから、将来に絶滅危惧のランクに入るリスクがある状態
LC(Least Concern):
　「低懸念」評価をしてみたが、絶滅危惧にも準絶滅危惧にも該当しなかった状態(懸念対象にはならないということで、この基準は日本のレッドリストからは外されている)
DD(Data Deficient):
　「情報不足」評価をする情報が不足しているために、保留している状態
NE(Not Evaluated):
　「未評価」(こちらも日本のレッドリストには存在していない。全てを評価した上で「DD」に含めている可能性がある)

　なお、日本独自の評価としてLP (Threatened Local Population):「絶滅の恐れのある地域個体群」という基準がレッドリストに作られています。これは植物では該当がなく、サンショウウオのような動物が対象になっています。

　以上をまとめてみると、「絶滅危惧種」には３つのランクがあり、この他に６つのランクが設定されているわけです（表1）。この表の赤枠で囲った３つのランクが絶滅危惧植物です。

表1　環境省とIUCNにおけるレッドリストの分類と大まかな定義および該当する日本の植物の種数

環境省の標記	国際基準(IUCN)の標記	日本における定義（短く意訳しています）	維管束植物の種数(2019年)	コケ植物の種数(2019年)
絶滅	EX	日本からは既に絶滅した種	28	
野生絶滅	EW	飼育や栽培下でのみ生き残っている種	11	
絶滅危惧IA類	CR	近い将来に野生絶滅のリスクが極めて高い種	525	138
絶滅危惧IB類	EN	近い将来に野生絶滅のリスクが高い種	520	
絶滅危惧II類	VU	絶滅のリスクが増大している種	741	103
準絶滅危惧	NT	生息条件の変化によっては、将来に絶滅危惧に含まれる可能性がある種	297	
なし	LC	懸念対象にはならない		
情報不足	DD	評価するための情報が不足している種	37	
絶滅の恐れのある地域個体群：LP	なし	各所に生育しながらも、特定の地域において集団が孤立していて、その場所での絶滅のリスクが高い	0	

＊赤い枠で囲った部分が絶滅危惧植物にあたる

定性的な評価と
定量的な評価

　では次に、どのようにしてその生物のランクを決めているのでしょうか。評価の方法はランクの設定と同時に2001年にIUCNが提唱しました。その方法が日本に適するように一部を修正していまも使われています。詳しい内容は環境省のホームページ（https://www.env.go.jp/nature/kisho/hozen/redlist/index.html）で確認ができます。

　評価は、その生物がどのような状態にあるのかという「定性的」な要件と、具体的な個体数の減少割合などを基準にした「定量的」な要件の2項目を組み合わせたものから始まりました。例えばIA類（CR）とIB類（EN）の定性的な要件には、以下の4項目があげられており、このうちのいずれか1つにでも該当すれば要件を満たすとしています。

定性的な要件

　①全ての個体群が危機的水準にまで減少している。
　②全ての生息地で、生息条件が著しく悪化している。
　③全ての個体群が、再生能力を上回る捕獲・採集圧にさらされている。
　④ほとんどの分布域で、交雑して雑種を形成する別種が侵入している。

　しかしながら、皆さんもお気づきと思いますが、①の「危機的水準」や②の「著しい悪化」はどの程度の状態を指すのか、どのように評価したらよいのかが明らかではありません。それぞれの生物種に向き合ってきた専門家が、それまでの経験と感覚で評価することになっています。

　そこでいまでは、定量的な基準に基づいて評価することに移行してきています。定量的な要件の評価には次の5つの項目が設定されています。

定量的な要件
　①個体数の減少
　②生育面積
　③集団サイズの縮小
　④個体数が少なく、分布も特定の場所に限られている集団
　⑤将来における絶滅の可能性

　例えば、絶滅危惧ⅠA類(CR)の場合、「個体数の減少」については次のような内容が組み込まれています（表現を簡単に変えています）。

①過去10年間にわたって、あるいは3世代を継続観察していて、10%の個体数に減少してしまった。ただし、その減少した原因がわかっていて、いまは取り除かれており、増加に転じることは可能である。
②過去10年間にわたって、あるいは3世代を継続観察していて、20%以下の個体数に減少してしまった。減少の原因は不明なままで、いまも改善はされておらず、減り続けている。
③開発や気候の変動などで、将来10年間、あるいは3世代のうちに20%の個体数に減少すると予測される。
④過去と将来の10年間（要するに20年間）、あるいは過去・将来の3世代のうちに、個体数が20%以下に減ってしまい、減る一方である。その原因はわからない。

　これと同じ評価項目をみたとき、絶滅危惧ⅠB類(EN)やⅡ類(VU)では、次のような変化があります。

①ⅠB類では、上記項目①における減少の割合がⅠA類90%以上から70%以上に緩和されている。Ⅱ類では50%以上になる。
②ⅠB類では、上記項目②における減少の割合がⅠA類80%以上から50%以上に緩和されている。Ⅱ類では30%以上になる。
③ⅠB類では、上記項目③における減少の割合がⅠA類80%以上から50%以上に緩和されている。Ⅱ類では30%以上になる。
④ⅠB類では、上記項目④における減少の割合がⅠA類80%以上から50%以上に緩和されている。Ⅱ類では30%以上になる。

　以上にあげたのは、定量要件に5つ記載されている項目の1つである「個体数の減少」についてです。この他の定量要件には「生育面積」や「集団サイズの縮小」などの内容があることは前述のとおりです。
　このようにして、絶滅危惧種のランクは、定性要件と定量要件の2項目によって評価されています。

レッドリストとは
何か

　こうして選ばれた生物種の名前は、定期的に環境省が「レッドリスト」（絶滅の恐れのある野生生物の種のリスト）として公表しています。

　なぜレッド（赤）なのかというと、信号機と同じで注意を促す色だからで、最初にIUCNで作られたものに倣っています。植物では2000年に最初の版が書籍として環境庁（当時）から出版され（それ故にレッドデータブックと呼びます）、2019年に第4次第4改訂版：レッドリスト2019が公表されました。現在は環境省のホームページから閲覧やダウンロードができるようになっています。また、環境省では出版物ではなくなったこともあり、レッドデータブックではなくてレッドリストと呼ぶようになっています。

植物ではいまや
調査員が絶滅危惧

　現在、日本では絶滅危惧種は3676種が指定されていると最初に書きました。これらの各種について、「10年間以上」「3世代以上」にわたって個体数を継続観察した事例はどれほどあるのでしょうか。ましてや、個体数や生息面積をこの期間にわたって継続的に記録をとった事例がどれほどあるのでしょうか。オオタカやトキ、コウノトリのように、関心を集め、撮影機材を使って記録をしている人間が全国的に数多くいる場合は可能でしょう。しかし、多くの生物種ではデータが乏しいのが現状だと思われます。

　環境省が絶滅危惧種を選ぶ際のデータは、民間に委託しています。植物の場合には、環境省が日本植物分類学会に委託して、さらにこの学会が国内の各地域で野生植物に詳しい民間の方々に調査を委託しています。そうして集められたデータをもとにして、学会の中に作られた検討委員会で一種ごとに評価をしていく仕組みになっています。しかし特に最近は野生植物に関心を持つ人が減っている（高齢化している）ために、近い将来においては調査そのものができなくなることも予想されています。

　日本植物分類学会が日本国内にある民間の「植物研究会」「植物同好会」「植物友の会」などの名前が付く44の団体から集計したアンケートによると、会員の中に60歳以上が多いと回答した団体が82％に達しています。そして「若手の新たな参加がない（少ない）」「高齢化が進んで世代交代が停滞している」という回答が多

---

*2 角野他（2019）地域植物研究会等の現状：アンケートに基づく考察. 植物地理・分類研究67巻
　pp.165-178.

かったのです*²。これらの団体には環境省のレッドリストを作成するための調査員として尽力している方が多く含まれることから、今後、絶滅危惧植物について評価を決めていくことが困難になる可能性があります。植物の絶滅を心配する前に、植物のことを知る人が居なくなってしまう危機が近づいています。

もう一つの絶滅危惧種のカテゴリー

　日本国内における法律に基づいて選ばれている生物種で「国内希少野生動植物種」というものがあります。2020年の時点で356種が指定されており、このうちのほぼ半数（176種）が植物です。前述の「絶滅危惧種」と重複しているものが多くありますが、大きな違いが２つあります。まず選定基準が、人間の影響（趣味や売買などを目的とした採取、森林伐採や埋め立てなどの生息地の破壊など）によって個体数を減らしている動植物であることです。特に最近ではネットオークションを通して個人対個人で売買されるケースが増えており、販売を目的とした違法採取を規制する必要性が高まっています。

　もう一つの違いは、この規制の根拠を法律にしていることです（前述のレッドリストに選ばれた絶滅危惧種は法律で守られているわけではありません）。その法律とは1993年（平成5年）に国会でつくられた「絶滅のおそれのある野生動植物種の保存に関する法律」、略して「種の保存法」と呼ばれているものです。これに違反した場合は逮捕・起訴となり、懲役や罰金を伴う懲罰があります。もしかしたら、気づかないうちに自分の庭の山野草のコレクションが対象にされていたら…と焦ってしまうかもしれませんが大丈夫です。金銭売買を伴わなければ、既存のものを維持することは問題ではありません。

　少し身構えてしまうこの「国内希少野生動植物種」ですが、子どもの頃から自然に親しみ、採集観察に関心がある人や山野草の栽培をしている人は特に注意が必要と言えるでしょう。

　この法律で守られている種のうち、とりわけ優先順位が高いものを選んで「緊急指定種」（略して指定種と呼ばれることが多い）と呼んでいます。

　その後の「改正 種の保存法」（2018年6月施行）による国内希少野生動植物には、特定第一種と特定第二種という名前が付けられた種類が出てきました。特定第一種はいまのところ植物だけを対象に指定しています。栽培によって繁殖が可能な植物種を専門家が選定して、手続きをとれば、販売目的の増殖と栽培が許可されるということを指します。字面からは逆のイメージ、すなわち特別に厳しい保護対象種であることを連想させることも多く、呼称の検討が必要だと思われます。この処置は、技術を持った栽培家による販売によって自然界からの採集圧を下げる（盗掘する意欲を減らす）効果を狙うと共に、日本の伝統園芸にも配慮した措置と言えます。この特定野生動植物種は増やす方向で毎年検討が進められています。

関心のある人は環境省のホームページや広報をチェックするといいでしょう。

　なお、特定第二種とは販売しないことを条件に捕獲を容認するもので、2021年頃の指定を目指していま選定中です。例えば里山などに生息するタガメのような昆虫や魚類などを想定しており、植物ではいまのところ検討していません。

　以上の内容をまとめると、現在選定中のものを含めると（2021年には）国内希少野生動植物種には次の３種類があります。

1　国内希少野生動植物種
2　特定第一種国内希少野生動植物種（いまのところ植物だけ）
3　特定第二種国内希少野生動植物種（いまのところ植物は該当なし）

　私たちが選挙で選んだ国会議員により組織された委員会の議論に基づいて、環境省は2020年までに国内希少野生動植物を約300種まで追加指定すること、2030年までに何と約700種にまで追加指定するという目標を立てました。この数値目標を決めたのは2015年のことです。それまで89種しかなかった国内希少野生動植物が、一気に増えていくことになったのです。この体制を整えるために、法律も国会で変えられ、「改正 種の保存法」が2018年6月から施行されています。

　国内希少野生動植物の種数の推移をみてみましょう。

2015年以前　89種
2015年　　　130種
2016年　　　175種
2017年　　　208種
2018年　　　259種
2019年　　　293種
2020年　　　356種（このうち植物は176種、約49％を占める）

　2018年から2019年の間に36種が追加指定されました。このうち21種が植物です。なお、２種の鳥が指定解除されました。

　また、特定第一種国内希少野生動植物には、新たに７種が追加指定されて、2019年の段階で合計42種の植物が指定されています。

2030年　約700種を目標とする

　しかし、ここで困ったことになりました。哺乳類や鳥類、昆虫などの多くの「動物」は、かなりの数を指定済みにしてしまったので、数合わせに使い難い状況になってしまったのです。そこで数値目標を達成するために、植物をターゲットにすることが始まりました。2019年12月の時点で、新たに36種の生物が国内希少野生動植物に追加されましたが、このうち21種が植物でした。植物が占めていく

割合は、今後増加の一途をたどることが簡単に予想されます。なお、どの生物を国内希少野生動植物に選ぶかは、「希少野生動植物種専門家科学委員会（通称：科学委員会）」に委ねられています。

▌私たちを取り巻く
▌環境の変化

　私たちの暮らしは植物で満ちあふれています。道には街路樹が植えられ、宅地や会社、ショッピングモールにも樹木や草花が植えられています。壁面緑化が進んでいる駅などの建築物もあります。いわゆる雑草の勢いもすさまじく、古い住宅地の空き地は数カ月間放置するだけで、背の高い雑草で覆われてしまいます。街路樹の下も、あっという間に雑草で覆われます。日本のような国は、その大部分が暖温帯から冷温帯に属しており、降水量が多いために植物の生育に適しているのです。このようにしてみると、私たちの生活環境は緑で覆われています。「植物の多様性が減っている」などと騒ぐ必要など無いように感じないでしょうか。

　しかし、都市部で「緑」を構成している植物は、造園で緑化に適した特定の植物や、あるいは本来はそこにあり得ない外国由来の外来種の可能性があります。植物がたくさん植えられていることと、「様々な種類の日本の固有植物が植えられていること」はまったく異なるのです。意図せずに生えてくる「雑草」も同じです。例えば空き地や公園に茂っている雑草を調べると、実は外国から入ってきた外来植物で占められていて、日本の植物がいないことがよくあります。昭和の時代には普通にあったカタバミが、北米原産のオッタチカタバミに入れ替わっていたりするのです。オッタチカタバミは日本固有のカタバミよりも強く、茎が立ち上がって高くなり、例えばサツキの植え込みの中から姿を現します。オオバコが知らないうちにヨーロッパ原産のセイヨウオオバコやヘラオオバコに入れ替わったりしています。小学生が理科の授業などで使う検定教科書では、国内で共通してみることができる要件を満たすために、ヨーロッパ原産のセイヨウタンポポが扱われています。また、九州から東海、関東地方では、電車の窓から見える緑の山で外来種の孟宗竹が猛威を振るって森林を侵略している場所が多くあります（孟宗竹の導入時期には諸説ありますが、本格的な栽培は江戸時代になってからのようです）。有名な竹取物語に登場するかぐや姫は竹桿の中に入っていました。平安時代の物語ですので、桿が細い真竹と考えられます。現代の日本の山は中国から入った孟宗竹で埋め尽くされていますので、いまの子どもたちはかぐや姫のことをもっと大きなお姫様だとイメージするかもしれません。

　このように、身近な暮らしの中で見つけることができる生物の種類が大きく変わっているのです。もともと日本に生育していた植物種（在来種）が追い出されて、世界各地の「生活力が強い」外来植物種に置き換わっているのです。そして在来種の減少が急激に進んでいるのです。その理由には諸説がありますが、外来種の

天敵や競合種が不在であることや、気候温暖化によって外来種の方が生育に適していること、あるいは国際化が進んで国境を越えた人や物流量が増加したことなどが考えられます。

　世界でも、日本でも、以前からその地域に生育していた野生生物の数が減っています。種類も数量も減っています。動物も、植物も、虫も、海の中の魚介類も減り続けています。しかし私も含めて、日本で普通に暮らしていると、例えば空き地で草や木をみたり、スーパーマーケットでは何の不自由もなくいろいろな食料品を買うことができるので、そんなことを感じる機会もありません。

生物多様性とは何か

　いま、日本政府をはじめとする世界の国が「生物多様性」について語るときの様々な定義や基準があります。これらはIUCN（国際自然保護連合）というスイスに拠点を置く非政府組織によって作られたものです。国連のような公的な組織ではない、民間の自然保護団体（社団法人）が設定している基準に従って、世界の多くの国家が生物多様性の政策を動かしています。約70年前の1948年にヨーロッパで発足して、信用を積み上げてきた結果、日本政府を含むほぼ全ての国が加盟している組織です。日本の加盟は1978年ですが、正式な国家会員という資格で加盟したのはその17年後の1995年のことでした。日本は年間に5000万円ほどの拠出金を支払っています。

　前述の絶滅危惧植物の定義や評価方法を定めているのはこの組織です。また、日本は最近では南西諸島の一部を世界自然遺産にするべく申請をしていますが、現地調査を行ってユネスコに報告と提言を行うのもこのIUCNなのです。

　ここで、皆さんも聞く機会が多い生物多様性という言葉について、IUCNが提唱した「3つのレベルの生物多様性」をまとめておきましょう。

①生態系の多様性（Ecological diversity）

　生態系とは、生物群集とそれを取り巻く無機的環境を合わせた系のことです。簡単に言うと「様々な生物＋環境」のことを指します。

　生態系における生物群集では、様々な生物がお互いに関わりを持ちながら（例えば「喰う／喰われる」「共生する」「寄生する」）生きている生物群集全体と、これを取り囲む気温や湿度、日射量、土壌や河川水、大気の成分などの無機的な要因などがあります。

　植物の種類にまつわる生態系で考えるならば、北海道の釧路湿原や大雪山の針葉樹林の森、ブナ林、紀伊半島や九州に拡がる常緑広葉樹の森、西表島に発達するマングローブの森、このような様々な生態系があります。

②種の多様性（Species diversity）

　生態系の中に、どれだけ様々な生物種が共存しているかということを示しています。種の種類の豊富さを示す言葉です。

　植物で例えるならば、ある集団の中に1000本の植物があった場合、その内訳が200種である場合と40種である場合には、前者の方が種の多様性が高いと言います。また、40種であったとしても、特定の1種が1000本中の900本を占めていて、残りの39種が1〜3本ずつ生えている状態よりは、40種が25個体ずつある方が種の多様性がより良い状態だと評価されます。

③遺伝的多様性（Genetic diversity）

　これは植物の集団、あるいは種全体における遺伝的な多様性に分けて説明できます。

　一つは多くの人がご存じの「近親交配」に代表される、集団の中の多様性の問題です。同じ種の中でも、同じ集団の種の中でも、同じ遺伝子の中に個体の間で多様性があることが大切であることを指しています。特に、植物は発芽した場所から移動することができないために、生育場所や生育環境の影響を強く受けます。そのために、広い分布をもつ植物種でも、北海道と北陸、関東、近畿、九州、沖縄の間では、同じ遺伝子の中でもその組成が異なっており、その地域の環境に適応したものになっています。

　一つの植物種の例を挙げましょう。日本の海岸には、栽培ダイコンの先祖であるハマダイコンという植物が広く生育しています（写真1）。この植物は、本州では秋に発芽してからしばらくはタンポポのように葉を地面に拡げたロゼットとい

写真1　海岸に生育するダイコンの野生種「ハマダイコン」
奄美大島の土盛海岸にて。2015年1月15日撮影

写真2　寒さにあてないで育てた南系統のハマダイコン（右）と北系統のハマダイコン（左）
発芽後45日を経過した様子。低温を期待できない南西諸島のハマダイコンは、寒さを経験せずに40日前後で開花をするようになっているが、北の系統では低温を経験（春化）しないと花茎を立てることができない。

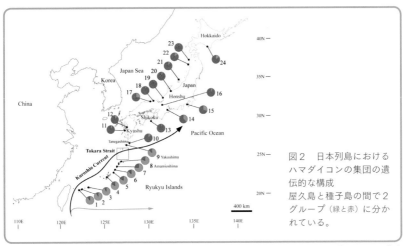

図2 日本列島における
ハマダイコンの集団の遺
伝的な構成
屋久島と種子島の間で2
グループ（緑と赤）に分か
れている。

＊Han他（2016）のデータをもとに作成

う形で生活して、花を咲かせる段階になると茎（花茎）を立てます。そして、ちょうど九州と南西諸島の境目辺りで、花を咲かせることに関わる遺伝子の状態が異なっています（図2）。南北に二分された系統には同じ遺伝子が共有されているのですが、北の系統では花を咲かせるのに4度以下の「寒さ」を経験することを必要としており、片や南の系統では寒さを必要としないのです（写真2）。南西諸島の海岸は暖かいので、寒さを待っていたら、花を咲かせるタイミングを逃してしまうため、生育地の環境に合わせて、遺伝子が適応していることがわかってきています[3]。

　また、多くの野生植物では、種子が発芽したり花を咲かせるタイミングが、同じ集団の中でも異なっていることが知られています。これによって、例えば春に一斉に発芽したのちに寒さが戻ったりすると全滅してしまうことを防いでいるのです。植物園のバックヤードでは、例えば野生のユリの種子をまいた場合には、1年間以上は発芽を気長に待つようにしています。これは野生植物の発芽をコントロールしている遺伝子に、いろいろなタイプがあることに拠ります。

　このように遺伝的多様性は、厳しい環境の中で生物が生きていくために大切な要素であるのです。また、植物は種子が芽生えた場所から移動することができないので、ハマダイコンで示したように地域ごとの環境に適応した性質を持っており、遺伝的に固定されています。ですから、特に植物の多様性には、「人間の眼には見えない大事なこと」がたくさん詰まっているのです。このように、植物の多様性を守ることにおいては、移動に優れた動物や鳥の保護とは異なる視点で向き合うことが必要なのです。

＊3 Han, Q., Higashi, H., Mitsui, Y., Setoguchi, H.(2016) BMC Evolutionary Biology 16: 84.

多様性は
なぜ必要なのか

　それでも、なぜ絶滅の恐れのある植物を守る必要があるのか、疑問に思う方も多いかもしれません。

　私はこれまでに多くの絶滅危惧種の現状を見て、研究対象として調べ、増やす実践を続けてきました。その過程の中で「恐竜のように消えていく生物がいても当たり前ではないか」「消えていく植物を増やすのは簡単ではない。別のことに予算を使った方がよい」あるいは「自己満足で税金の無駄遣いだ」という意見を耳にすることが多くありました。そこでまず「多様性はなぜ大切か」ということから私の考えを書きたいと思います。

　日本は植物の種類が豊富で、しかも温暖湿潤で育ちやすい環境を持っている国です。植物たちにとっては住みやすくて、様々な種類の共存を受け入れてくれる、懐の深い場所であったに違いありません。いまの私たちや祖先も、このような豊かな自然の恵みを受けながら生活をしてきたはずです。しかし、この豊かさがだんだんと減っていく現象が進んでいます。それは私たちが気づかない場所で、離れた土地の片隅で、ゆっくりと起こっています。テレビや新聞も、動物や鳥に比べて話題性に乏しいために、そうしたことを取り扱ってくれません。しかし確実に減っているのです。

　「生物多様性」という言葉をどこかで耳にした方は多いと思います。しかし、なぜ、多様性は必要なのでしょうか。例えば日本のある山に100種の植物が生育していたとします。これが99種に減ったとしても、おそらく何も起こらないでしょう。98種でも97種でも変わらないでしょう。もしも消えた植物が薬や食料として役立つものであったら生活に不自由が起こるかもしれません。このように「役に立つ」植物である場合は、残すことは必要だという考えに至ることができます。しかし植物の生態系としては大きな影響はないでしょう。50種ぐらいでもそうかもれません。しかし1種だけになったらどうでしょうか。何が起こるのでしょうか。

単一の植物で構成される
森や畑は弱い

　ある日の日本経済新聞に、日本のある大手商社が環境に関する貢献活動したという全面広告が載っていました。熱帯の国で、裸地になってしまった場所に、製紙用の木であるアカシアの植林をしたというのです。しかし木々が病気になって森は壊滅してしまったそうです。日本人社員と現地社員はそれでもくじけることなく、樹種を替えて植林をやり直し、見事に森を再生したというお話でした。ここにある重要な事実が書かれています。なぜ植林した森は「壊滅」してしまった

のでしょうか？

　単一の植物で広い面積を埋め尽すと、病気が出たときにすぐに拡がり、全ての個体が死んでしまう可能性があるのです。もちろん、この新聞広告の場合は紙パルプチップ生産のための植林ですから、単一の植物で地面を覆うことは当然のことですし、その取り組みを非難するものでもありません。しかし、一つの植物で構成される植物の生態系は、病気に対してとても「もろい」という事実を物語っていることは確かでしょう。

　私たちの身の回りでも、田んぼや畑で、単一の作物を栽培するときには農薬が使われています。人類が農業を始めたときから「害虫や病気との戦い」が始まりました。農作物の中でも、皆さんが意外と知らない、農薬使用量が多い作物があります。それはお茶です。お茶は多種多様な農薬を地域の農協が作った計画に基づいて散布しています。その地域で一斉に散布しないと、駆除害虫が別の場所に逃げ込んでしまうので、まとまって散布するのです。これを農家の人たちは「農薬カレンダー」と呼んでいます。考えてみれば、私たちの生活空間にある椿やサザンカでさえ、茶毒蛾やカイガラムシ、アリマキなどが付きます。これが数ヘクタールという広大な面積に「茶」という植物だけが植えられているのが茶畑ですから、害虫にとっては楽園が用意されているようなものです。あまり知られていないことですが、多種多様な農薬を地域単位で計画的に散布することは多くのお茶の生産地で行われていることなのです[4]・[5]。

　話のスケールが大きくなりますが、世界の歴史を紐解いても、例えばアイルランドのジャガイモ飢饉は有名です。日本の江戸時代の末頃のことですが、単一の品種のジャガイモを栽培していたことによって、病気が蔓延したときに一斉に枯れてしまい、多数の農民が餓死し、生存者の一部は国外に脱出をしました。アメリカにはアイルランド系移民が多くいることは、このジャガイモ飢饉が関係しています。

　このように、単一の、あるいは少数の種類の植物種で構成された植物生態系は病気に弱いのです。「何種を下回れば危険なのか」という基準はありません。これは「お湯」と「水」の境目の温度を決めることと同じです。それ故に、むしろ怖いのです。気がついたら植物の多様性が減っており、脆弱な生態系になっていた、という事態を招きかねないのです。

---

*4 農業用農薬は園芸で使われる農薬と異なり、弱くて雨で流れやすい特徴があり、残留農薬検査もきちんと行われています。だから安心して飲むことができます。緑茶の成分が健康に良いことは明白な事実です。

*5 減農薬や無農薬で栽培をがんばっている生産者さんも数多くいます。消費者がこうした生産者の農産物を選んで購入するスタイルも進んでいます。

多様性がもたらす利益

　植物の多様性を維持することが大切な理由については、過去にも様々に論じられてきました。例を挙げてみましょう。

①様々な植物種があることによって、昆虫や鳥、動物なども含めた豊かな生態系の恩恵をレクリエーションや生活、健康、医療で享受できる（生態系サービスの価値）

②いまは役に立たないけれども、将来に科学技術が発達したときに有用な植物かもしれない（潜在的な資源としての有用性）

③食料や医薬品、材木などの資源を提供するうえで、様々な種類に富む方が選択肢が多くてよい（現在の資源としての価値）

④多数の種で構成される生態系は、気候変動や病虫害に対して強い（生態系の安定性）

⑤多数の種で構成される生態系は、人間にとっても癒やしになる（バイオセラピーについての意義）

⑥各地域の伝統的な文化は、豊かな生態系のうえに成り立つものである（文化的な意義）

　このうちの①②③は、人間の生活や健康医療にも関わってくる事柄なので、わかりやすいかもしれません。人間は古代から生態系の一員として植物から衣食住や薬などを得てきました。現代の都市部に住む人は、衣食住の資源が生産されている場所から空間的に離れて暮らしているため、衣服の材料である「綿」や、ご飯の材料の「米」という植物、あるいは住宅や家具の材料の「樹木」のことをよく知らなくても生活ができます。あなたが休日にジーンズをはいていたとしても、それが棉（綿）という植物の種子の周りに生えた繊維を集めて、縒って糸にして作られていることまでを想像することは難しいでしょう。

　④⑤⑥については個人の価値観が多分に含まれるので、客観性に欠けるかもしれません。私が最も重要視しているのは④ですが、前述した単一の植物で構成された弱い生態系が農薬などで維持されていることや、アイルランドのジャガイモ飢饉のような史実がその根拠になっています。

　このように生物多様性の価値については、決まった理由付けはありません。皆さん一人一人がそれまでの人生で築いてきた価値観や、利害関係に左右されるような、つまりはとても不安定な「世の中の雰囲気」で支えられているものなのです。しかし、正解がないからこそ、できるだけ多くの人に、科学や歴史など幅広い観点から多様性について考えてほしいと思っています。

　数々の歴史小説を書いた司馬遼太郎は、その著書の主人公に「人間は二つの

“り”で動く。道理の“理”と利益の“利”だ」と言わせています。学校で生物多様性を学ぶとしたら“理”だけでしょう。しかし人間社会ではむしろ“利”が幅を利かせています。それほどに“利”は重要なのです。生活がかかっているのですから当然とも言えます。生物多様性は短期的な“利”は施してくれませんが、長期的には人間の生活基盤を支える自然環境を整えて、資源の恩恵をもたらしてくれるでしょう。長期的に、ささやかな“利”をもたらしてくれる生物多様性を維持する「道理」を多くの人が理解していくことが大切なのです。

絶滅危惧植物を守る方法

　では、どのようにしてその多様性を維持していけばよいのでしょうか。絶滅危惧植物の個体を具体的に守る方法は、大きく2種類あります。一つは生育地で保護と増殖を行う「生息域内保全（域内保全）」、もう一つは本来の生息地とは別の場所で保護と増殖を行う「生息域外保全（域外保全）」です（図3）。この二つは連携して保護施策に用いることが多くあり、生息地から種子や一部の個体を持ち出して、技術を持った植物園で域外保全を行い、この域外保全で増殖に成功したものの中から、本来の生息地に戻す野生復帰も行われたりします。
　生息域内保全は、その植物の自生地で守る方法で、減少の原因を取り除くことで生育環境の維持改善と個体数の増加を目指します。心無い山野草マニアや業者による違法採取、あるいは鹿などによる食害が原因であれば、周囲を高い金属製の柵と有刺鉄線で囲い、監視カメラの設置や、人によるパトロールなどを行います（写真3）。そして、地上部一つ一つに番号を振って、個体レベルで経年変化を調べ（モニタリングと言います）、必要に応じて競合する草木を刈り払い、人工授粉を

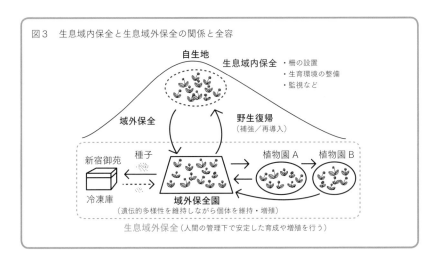

図3　生息域内保全と生息域外保全の関係と全容

行います。この方法の利点は、保護対象の植物の本来の自生地で維持できることにあり、サイエンスで把握しきれない生育に適した環境（根における共生菌も含む）の中で保護することができることにあります。逆に不利な点としては、遷移や忌地、温暖化などによってその場所が生育に適さなくなってしまった場合には、保護対象の植物は衰退の一途を辿りますし、台風や崖崩れ、干ばつなどの自然災害に遭った場合には集団が壊滅する恐れがあります。病害虫に遭ったときにも、農薬の使用は花粉を運ぶ昆虫などに悪影響を与える恐れがあるので、基本的に行いません。

　生息域外保全は、その植物の自生地から離れ、生育環境を整えた別の場所や植物園などで、人工的に栽培することによって維持や保護増殖を図る行為になります。また、採取した種子や果実を冷凍や冷蔵で保管することも含みます。冷凍冷蔵保管は、環境省の新宿御苑事務所と、沖縄の美ら島財団の植物園で行っています。イギリスなどの先進国では、大規模に組織立てて行っていますが、日本の場合には小規模かつ担当職員が本業の「ついで」に行っているのが実情です。比較することはあまりにも惨めになるので止めておきます。植物を育てるタイプの生息域外保全には、自生地以外の場所で人手をかけて栽培と増殖を図る場合や、とにかく系統を維持・保存することに専念して増殖は控えている場合があり、特に植物園では後者が中心になります。その理由には、バックヤード（来客者には非公開の栽培専用のスペース）が狭くて人手も足りないことが多いので「現状維持」が精一杯な現実があります。

　域外保全の目的には、元の自生地に戻すこともあります。「野生復帰」は一般的な呼び方で、環境省の書類でもよく使われていますが、厳密には二通りの呼び方に分けられます。自生地の植物個体が残っている場合には「補強」と呼びます。その一方で、自生地の植物が絶滅してしまったところに復活させる目的で域外保全地から植物個体を戻すことを「再導入」と呼びます。このように、域内保全と域外保全はつながったものであり（前掲の図3）、車の両輪のように両方が上手く機能することによって、希少な植物を絶滅から救うことができるのです。

▌域外保全で最も気をつけること： 善意による多様性の低下

　域外保全で最も気をつけるべきことは、最初の栽培に用いる種子や挿し木用の枝を、できるだけ様々な多数の親個体から採取することです。できれば大学などの研究機関と共同して、遺伝子型を調べたのちに全ての遺伝子型を網羅するように採取することが望ましいです。

　その理由を図4にまとめてみました。ある急斜面に絶滅危惧種の樹木が6個体残っていたとします。その遺伝子型の構成は、青、白、赤、ピンク、黄、紫が1個体ずつです（A）。域外保全のために種子を集めようとやってきたのですが、斜面の下の手が届きやすい場所に、青の遺伝子型の個体が1本だけたくさんの実を

生息域内保全の事例

絶滅危惧IA類 (CR) および国内希少野生動植物種に指定されているヒュウガホシクサの自生地を守る体制。宮崎県川南町にて。

生息域外保全の事例

左：絶滅危惧IB類 (EN) のキブネダイオウの域外保全地：京都市左京区の京都市立鞍馬小学校。自生地の貴船川の脇に立地しており、生育環境を自生地に模すことができる。高いフェンスで、鹿の食害から守っている。
右：絶滅危惧IA類 (CR) のアマミアセビ（リュウキュウアセビ）の域外保全地：鹿児島県大島郡宇検村の宇検村立田検小学校。現存する全ての遺伝子型の個体を育成し、QRコードタグと連携したデータベースで管理している。自生地の湯湾岳の麓にあり、ここでも生育環境をできるだけ模すことを期待している。

絶滅危惧IB類 (EN) のオオキンレイカの域外保全地：高浜町役場。地元の小学生が育てた個体を児童自らが植栽した。各個体の空間配置は、遺伝的に疎遠なものが隣接するようにデザインしてあり、限られた敷地内の遺伝的多様性が最大になるように個体選抜している。そのため、この植栽から作られる種子も遺伝的多様性が維持される。個体別のタグにはQRコードが付いており、育成を担当した児童のニックネームや遺伝子型、育成履歴などが記録されている。

付けていました。他の白や赤などは実の数が少なくて、採取するのは可哀想に思えます。そこで実付きの良い青の1個体だけから実を採集して域外保全を始めました。種まきをして芽を出した苗は、全てが遺伝子型「青」の個体です（B）。これを育てて、後日に元の斜面に野生復帰（補強）しました。青の個体が圧倒的多数になりましたが、まだ他の色の遺伝子型も残っています（C）。ところが、この集団では、青の個体同士の組み合わせで交配（青の花粉と青の雌しべの組み合わせ）が進む確率が高くなります。こうして数世代を重ねていくと、青×青の組み合わせでできた子どもの個体が多数派になり、野生集団の構成個体は青の遺伝子型の個体でほぼ埋め尽くされてしまうのです（D）。個体の数は確かに増えて野生復帰は成功したように見えますが、遺伝的な多様性は逆に低下しているので質的には以前よりもむしろ劣化しています。これでは杉や檜の植林地（優れた選抜個体の枝から増殖したクローンの苗木を植えています）と同じことになってしまうのです。このように、人が増殖の初期段階で、限られた種類の遺伝子型の種子や挿し穂を選んだために、野生復帰させた元の集団の遺伝的な多様性を低くしてしまう事象を「人為的なボトルネック」と呼びます。

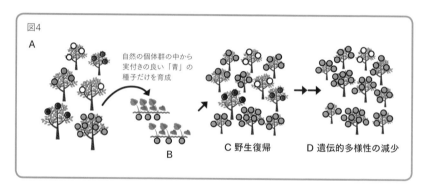

図4
A
自然の個体群の中から
実付きの良い「青」の
種子だけを育成
B
C 野生復帰
D 遺伝的多様性の減少

　ボトルネックとは図5のように、入り口が狭まったビンを逆さにしてカラーボールをくじのように選ぶ場合に、出てくるカラーボール（この場合には遺伝子型）が1色あるいは少数に減ってしまう現象を指しています。この1個、あるいは少数の種

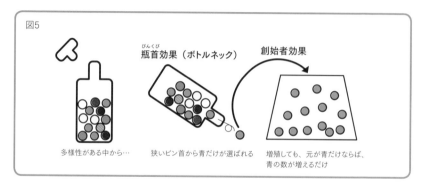

図5
瓶首効果（ボトルネック）
創始者効果
多様性がある中から…
狭いビン首から青だけが選ばれる
増殖しても、元が青だけならば、
青の数が増えるだけ

子から個体をたくさん増殖しても、所詮は青だけから始まった増殖ですから、青のボールが増えるだけです。

　このように域外保全の最初で人為的なボトルネックによって遺伝的な多様性を失わないように、できるだけ多くの個体から種子を回収するのが望ましいのです。例えば同じ100粒の種子を収集するならば、2個体から100粒の種子を集めるよりも、10個体から10粒ずつ採取した方が良いのです。

▌地域の協力で
▌より良い域外保全を

　前掲の写真で示した3つの域外保全の例では、最初の増殖に用いた種子を様々な個体から集めて、さらに念を入れてできた全ての苗のDNA解析を行いました。たくさんの苗ができてくると管理が難しくなります。しかも各々の苗の由来履歴（どこの場所のどの親から採取した種子に由来するか、種まきした日、植え替えた日、育てた人などの情報）とDNA遺伝子型の管理を徹底することにしたのです。ここで用いたのが、私たちの周りでも使われているQRコードの札と、これに連携したデータベースです。スマートフォンでQRコードを読み込めば、データベースから必要な情報が瞬時に表示されるようにしています。

　域外保全では、どうしても花壇のような限られたスペースに植えなければならないこともあります。このような場合でも、遺伝的多様性が最大になるように工夫しています。また、隣り合う個体でさえも遺伝的に離れたものを配置するようにしています。そうすると、花粉を運ぶ昆虫が隣の個体の花に移動して花粉を付けたとしても、遺伝的な質が保たれた種子ができると期待されます。同じ考え方は、野生復帰させる場合にも応用できるでしょう。

　このように、絶滅危惧植物の保全では、単にチューリップの花壇を作ったり、畑でダイコンを育てるのとは違って、一つ一つの植物個体の遺伝子型が異なるようにして、集団全体の多様性を高くするように工夫と努力と重ねることが大切なのです。

　写真で示したキブネダイオウやアマミアセビ、オオキンレイカの域外保全は、私と本書の共著者である長澤さんが行政の支援を受けながら、あるいは独自に始めたものですが、共通していることがあります。それは、絶滅危惧植物の産地の近くの小中学校で、児童・生徒・先生に育成に関わって頂いていることです（行政や教育委員会、地域の皆様にも関わって頂いています）。その植物が本来生育する地元の気候風土が育成に向いていることも理由としてはありますが、それ以上に重要だと考えているのは「地域の植物は地域で守る」ということです。自分たちが生活をしている地域に、「このような貴重な植物があるのだ」ということを知ってもらうことが大切だと思います。そして将来、ここから採取した種子を野生復帰する拠点にすることができたら理想の形ができると考えています。

京都の路地の光景

　絶滅危惧植物の多くは、育成の専門家がアドバイスをすれば、私たち素人でも園芸を楽しむのと同じように栽培が可能です。域外保全の旗振り役を地域の植物園や大学、あるいは行政が担い、小さな苗を市民に託して大きくなるまで栽培をしてもらうことも可能なのです。これは植物の特徴でもあり、トキやオオサンショウウオのような絶滅危惧種を家庭で飼育することは無理であることと対照的です。京都郊外の街を歩いていると、上の写真のような光景をよく目にします。京都の家屋は庭が非常に狭くて、写真のように植木鉢を道端に並べて栽培を楽しんでいることが多いのです。この植物の中に一鉢、絶滅危惧植物の苗を託すことによって、みんなが域外保全に参加することも十分に可能です。前述のように、域外保全では全ての株の栽培履歴とDNA情報をQRコードタグで管理しています。DNA情報は、元来は保全のために使う情報ですが、例えば悪意を持った人がネットオークションに出品した際には、DNA鑑定によって「横流し品」であることがわかる効果もあります。

　現段階では、環境省は植物の域外保全を基本的に植物園に任せる方針をとっています。日本の植物園をまとめる組織として、社団法人日本植物園協会（以下、日植協）があります。環境省は、絶滅危惧植物の域外保全を日植協に年度ごとに契約して、絶滅危惧植物の域外保全を委託します。このような取り組みは、始まってからまだ数年しか経ていないので、いまも定期的に会議を開きながら、様々な試行をしています。近い将来、地域の植物園が域外保全の中心になって活躍する日が来ることを願っています。

植物たちの
声なきSOSを聞く

　共著者の長澤淳一さんとは、一緒に多くの植物の域外保全と野生復帰に取り組んできました。私たちが取り組み始めた2000〜2010年頃は、植物園が絶滅危惧植物を守るという発想が普及していませんでした。例えばアマミ（奄美）アセビでは、様々な親個体から枝を集めて、これを長澤さんの職場である京都府立植物園で挿し木苗にして増殖していました。まるで世界文化遺産に指定された長崎の潜伏キリシタンのように、隠れて保全をしていたのです。長澤さんの職場が亀岡に在る農業試験場に異動になったときには、ライトバンの荷台に苗をたくさん詰め込んで運んだことをいまでも鮮明に覚えています。先進国の植物園では当たり前の絶滅危惧種保護が、当時は全く意識されていないことが悔しくてたまりませんでした。

　その後、世の中の流れも変わってきました。いま、環境省と日本植物園協会の連携事業が進んでいることが、当時から見ると奇跡のように思えます。しかし、まだ課題も多くあります。例えば環境省が絶滅危惧種対策に使う予算の対象のほとんどは鳥や動物です。霞ヶ関の本省の廊下に貼ってあるポスターも、ほとんどが鳥や動物、あるいは景色の写真です。環境省が運営している保護増殖施設も、例えば「佐渡トキ保護センター」「やんばる野生生物保護センター」「対馬野生生物保護センター」「西表野生生物保護センター」となっており、植物の専用施設はありません。鳥や動物に使う予算のせめて10％でよいから植物に配分して欲しい。そうしたら、生態系の基盤をなしている植物の状態はもっと良くなることでしょう。最後にもう一度、冒頭に挙げた言葉を繰り返して終わりたいと思います。

　「日本の絶滅危惧種の半分以上は植物です」

全国の植物多様性保全拠点園

〈2020年3月時点〉

拠点園のカテゴリー

地域野生植物保全拠点園

気候や地域で全国をエリア分けし、地域の連携をはかって絶滅危惧植物の保全活動を推進する。

特定植物保全拠点園

各植物園の得意とする植物群を優先的に収集・保存する。

種子保存拠点園

種子の長期保存と種子を使った保全を行う。

北海道
- ☆北海道大学北方生物圏フィールド科学センター植物園
- ☆旭川市北邦野草園

東北
- ☆東北大学植物園

関東
- ☆国営武蔵丘陵森林公園都市緑化植物園
- ☆国立科学博物館筑波実験植物園
- ☆環境省新宿御苑
- ☆東京大学大学院理学系研究科附属植物園
- ☆東京大学大学院理学系研究科附属植物園日光分園
- ☆東京都神代植物公園
- ☆北里大学薬学部附属薬用植物園

中部
- ☆新潟県立植物園
- ☆富山県中央植物園
- ☆白馬五竜高山植物園
- ☆名古屋市東山植物園
- ☆安城産業文化公園デンパーク

近畿
- ☆草津市立水生植物公園みずの森
- ☆大阪市立大学理学部附属植物園
- ☆大阪府立花の文化園
- ☆咲くやこの花館
- ☆長居植物園
- ☆京都府立植物園
- ☆武田薬品工業（株）京都薬用植物園
- ☆六甲高山植物園
- ☆神戸市立森林植物園
- ☆姫路市立手柄山温室植物園
- ☆兵庫県立フラワーセンター

中国
- ☆広島市植物公園

四国
- ☆高知県立牧野植物園

九州
- ☆福岡市植物園
- ☆西海国立公園九十九島動植物園
- ☆熊本大学大学院薬学教育部薬用植物園

沖縄
- ☆一般財団法人沖縄美ら島財団総合研究センター

資料提供・出典：公益社団法人日本植物園協会

Part 2

絶滅危惧
植物図鑑

長澤淳一
（解説文・写真）

危惧種ランク

★★★　絶滅危惧ⅠA類(CR)
★★☆　絶滅危惧ⅠB類(EN)
★☆☆　絶滅危惧Ⅱ類(VU)

★★★　絶滅(EX)
★★★　野生絶滅(EW)
★☆☆　準絶滅危惧(NT)
☆☆☆　情報不足(DD)
★☆☆　〇〇県で指定

日本のランの中で最も美しい

アツモリソウ属と アツモリソウ

危惧種ランク

★☆☆
絶滅危惧II類（VU）

学名
Cypripedium macranthos var. *speciosum*

科・属名
ラン科アツモリソウ属

開花期
5〜7月

分布
本州、アジア北東部〜 ヨーロッパ東部

　アツモリソウ属の植物は日本に自生する8種すべてが絶滅危惧種の指定を受けています。亜寒帯〜冷温帯の草原か疎林内に生え、高さ40cmほどで長さ20cmぐらいの葉が3〜5枚つきます。茎の先に直径5cmの花を1個つけ、淡紅色〜紅紫色をした大きな袋状の唇弁がよく目立ちます。種としては東ヨーロッパからシベリア、カムチャッカ、中国、ヒマラヤにかけて広く分布し、形質のばらつきが大きく、さまざまな変種が記載されています。西シベリアからウクライナに分布するものが命名上の基準となっており、これと比べると日本のアツモリソウは唇弁が丸く、側花弁は唇弁を抱えるようにして細長く、垂れぎみです。

　絶滅危惧II類に指定されているのが不思議なぐらい目にすることのできない幻の花だが、かつては山の草原に群生する姿が里から赤く見えたといいます。そんな話を聞くと、学生の頃に見た三つ峠の草原にも赤い花が点々とあったことを思い出します。

　寒冷地に自生するものが多くて縁遠いのと、希少すぎて特に最近はほとんど見かけることがありません。かろうじて残していた古い写真を使ってご紹介します。画質が悪い点はご容赦ください。

1 1977年6月19日に三つ峠で撮影したものをスキャンして加工。
2 花のアップ。1977年6月19日撮影。
3 花のアップ。ストロボを使って撮ったもの。1978年6月19日撮影。
4 出典『京都府草木誌』（竹内敬著、1962年）。大悲山の西、桑谷産としてアツモリソウのつぼみの写真が掲載されている。

かつては山が赤く見えるほどあった!?

アツモリソウ

危惧種ランク
★★★
絶滅危惧ⅠA類（CR）

学名
Cypripedium macranthos
var. hotei-atsumorianum

科・属名
ラン科アツモリソウ属

開花期
5〜7月

分布
本州中部、北海道

絶滅危惧植物の象徴

ホテイアツモリソウ

ホテイアツモリソウはレブンアツモリソウと並んで絶滅危惧植物の象徴のような存在です。動物でいえばヤマネコやトキといったところでしょうか。

ホテイアツモリソウもレブンアツモリソウも、そしてアツモリソウも広義のアツモリソウの変種になります。ホテイアツモリソウはアツモリソウに似ていますが、花も葉も大型で、花は直径10cmを超え、濃紅紫色をしています。唇弁は楕円状球形でアツモリソウより長く、側花弁が拡がって咲くことが区別点になります。ホテイアツモリソウの名は唇弁のふくらみを布袋（ほてい）の腹に見立ててつけられました。本州中部の特産種といいますが、北海道で作られた資料では北海道のアツモリソウはホテイアツモリソウであると認識されています。

1975年1月、園芸雑誌の巻頭カラーページにホテイアツモリソウの自生地の写真が載りました。それを見た私の周りの面々が1977年6月に自生地を訪れ楽しい思いをして帰ってきました。それなら自分もと、翌年行ったところ、ほとんどが穴ぼこになり果てていました。そして、草原と林の境界に少しだけ残っていたものを何とか撮影したのがここに掲載している写真です。雑誌に自生地の山の名が載っていたため、多くの人が押し掛けたと考えていましたが、南アルプスとしか書かれていなかったことを最近知りました。

1 かろうじて残っていた個体。約40年前に撮影したポジフィルムをスキャンして加工した。1978年6月撮影。

2 花のアップ。感度の低いポジフィルムを使っていて、フィルムの変色は何とか戻せる範囲。〔1978年撮影〕

3 横から見た姿。ストロボを使って撮影した暗い写真を加工したので強い影が映っている。〔1978年撮影〕

熊谷直実に見立てられたラン

クマガイソウ

葉は対生するようにして2枚つき、長さ、幅とも15cmぐらいになります。縦じわが顕著で2枚の扇を重ねたように見え、他のアツモリソウとは違う独特な形をしています。花弁、萼片は淡い緑色が基調で、白地に紅紫色の脈が網目状に入る唇弁は開口部が正面にあり、こうした点でもアツモリソウとはだいぶ異なります。地味で力強い花といえます。

和名はアツモリソウと対になっていて、膨らんだ形の唇弁を昔の武士が背中に背負った母衣（ほろ）に見立て、源平合戦の熊谷直実（くまがいなおざね）と平敦盛（たいらのあつもり）にあてたものです。力強い方をクマガイソウ、やさしい感じのものをアツモリソウと呼んでいます。台湾や中国にも似た種があり、台湾のものは全体に小ぶりで花全体が淡紫紅色になり、別種として扱われます。中国産は唇弁の赤みが強く、さらに濃い紅紫色の脈も入り、日本産より力強い感じがします。

クマガイソウは1年に15cm以上伸びる地下茎数年分がついてないと花芽をつけないので、地植えで栽培する方が機嫌がよく、タイワンクマガイソウは地下茎も短いので鉢栽培で花を咲かせ続けることができます。

ちなみに、京都に住む私にはアツモリソウ属植物の中で一番身近に感じられる種です。

危惧種ランク

★☆☆
絶滅危惧II類(VU)

学名
Cypripedium japonicum

科・属名
ラン科アツモリソウ属

開花期
4月

分布
北海道西南部〜九州、
海外では朝鮮半島、
中国東部

1 高知県にあるクマガイソウの群落。1000株にも及ぶ花が一斉に同じ方向を向いて咲く様子は見事としかいいようがない。だいぶ広く知られるようになってきたが、この風景は今も残っているだろうか。〔2015年撮影〕
2 花のアップ。〔2015年撮影〕
3 宮崎県で撮影した花のアップ。こうしてみると微妙に違う。〔2019年撮影〕

危惧種ランク
★☆☆
絶滅危惧Ⅱ類（VU）

学名
Cypripedium yatabeanum

科・属名
ラン科アツモリソウ属

開花期
6〜7月

分布
北海道、本州、
カムチャツカ半島〜
アラスカ

1

地味だがよく見ると味がある

キバナノアツモリソウ

アツモリソウ属の中で地味な2種をまとめて紹介します。

キバナノアツモリソウは亜高山帯の林床や草原に生育する高さ30cmの多年草です。長さ10～15cmの葉が2枚接近して対生状につきます。花は淡黄緑色で、横向きに1個つき、花の上にある背萼片は大きく、裏面が白いので見る方向によってはよく目立ちます。唇弁はつぼ型で上方が広く開口し、ぶら下がっているような感じで側花弁とともに茶褐色の斑点があります。学生の頃ホテイアツモリソウを見に行った山では登山道沿いに普通にありました。他の場所でも結構見ていたように思います。10年ほど前に訪れた長野県の自生地は開花株が少なく、シカの食害にあって弱っているようでした。近縁種のチョウセンキバナアツモリソウ（IA類）は国内では男鹿半島にだけ自生しています。

コアツモリソウは冷温帯の樹林下に生え、アツモリソウ属の他種より暗いところに自生しています。茎の高さは20cm以下で、葉は長さ5cm、直径2cmほどの淡黄緑色の花が葉の間から出る細い花茎の先に1個つき、垂れ下がって葉に隠れて咲いています。アツモリソウ属の中で一番小さく地味な種で、自生量は一番多いと思われます。ホテイランと同じような環境に生育し、ホテイランに気を取られていると踏みつぶしてしまいそうになります。

危惧種ランク
★☆☆☆
準絶滅危惧（NT）
学名
Cypripedium debile
科・属名
ラン科アツモリソウ属
開花期
6～7月
分布
北海道、本州、四国、九州、台湾、中国南部

写真が撮りにくくて困る

コアツモリソウ

1 キバナノアツモリソウの花。2009年、長野県で撮影。開花株数は少なかった。
2 キバナノアツモリソウ。登山道沿いにパラパラと咲いていた。白く見えるのが背萼片の裏側。〔1978年撮影〕
3 コアツモリソウ。花が葉に隠れて下を向いて咲くので、とにかく撮影しにくい。〔2015年撮影〕

アセビなのになぜか絶滅危惧種

アマミアセビ

リュウキュウアセビ

アマミアセビは発見されたとき、沖縄県に産するリュウキュウアセビと同じであると判断されました。その後の詳細な調査に基づいて別の種であるとの見解が示されましたが、広く認知されるまでには至らず、環境省のレッドリストでも従来のままリュウキュウアセビとして取り扱われています。その経過は次のとおりです。

1963年に鹿児島大学の学生であった迫静男氏によって奄美大島の慈和岳山頂付近の岩上で発見されたアセビが、初島住彦教授によって1930年に記載されていたリュウキュウアセビと同じであると判断されました。ところが詳細に比較すると、沖縄産が川沿いに自生し、葉が細く渓流沿い植物の特徴を示すのに対し、奄美産は山頂の強光や乾燥に耐えられるよう葉幅が広く肉厚になっていました。花も奄美産の方が大きく、肉厚で白さが際立つという違いがあります。さらに葉緑体DNAにも違いのあることがわかったため、2010年に京都大学の瀬戸口浩彰教授らによってアマミアセビとして新種記載されました。沖縄産も奄美産も園芸目的の採取により野生状態で生存株はほとんど残っていません。

日本本土ではシカがアセビを食べないので山がアセビだらけになっているのに比べ、沖縄、奄美では人の手によって固有のアセビが絶滅の危機に瀕しています。植物の生存に影響のある2つの要因の関わり方によってこんな違いが出てくるのです。

危惧種ランク
★★★
絶滅危惧ⅠA類(CR)

学名
Pieris amamioshimeisis, *Pieris koidzumiana*
科・属名
ツツジ科アセビ属
開花期
2〜3月
分布
鹿児島県、沖縄県

1 アマミアセビ。奄美大島の湯湾岳、慈和岳の山頂(682m)付近に群落を作って自生していた。葉幅が広く肉厚で、耐乾性、耐光性に優れる。〔2016年撮影〕

2 アマミアセビ(右)とリュウキュウアセビ(左)の花と葉の比較。アマミの方が花冠が大きく肉厚で白さが目立つ。リュウキュウの葉は細く渓流型、アマミは肉厚で葉幅が広い。

3 自生地のアマミアセビ。湯湾岳の岸壁にへばり付くように自生していた。花芽が確認できる。〔2016年撮影〕

園芸品種の親になった純白のユリ

ウケユリ

　奄美大島、徳之島とその周辺の島々に自生しており、ヤギの食害と園芸的な採取により自生数を減らしています。人やヤギが簡単に手を出せない急な岩場の落ち葉などが堆積した窪みに自生が残っており、林道を作るために切り崩して作った法面の岸壁にも自生が見られます。請島には柵で囲った保護地があります。

　草丈は50〜60cmになり、葉は長さ約15cm、幅約3cmの広披針形で、大きな株では40枚もつけています。花は茎頂に1〜数個つき、純白で、ササユリに似た漏斗形の花を、横向きかやや上向きに咲かせます。花被片（萼が3枚と花弁が3枚）は長さ16〜18cmで先は反り返り、幅は株によってさまざまで、つぼみは上方にやや反っています。朔果は長楕円形で長さ5cmぐらいです。開花時には強い芳香を放ちます。種子を播くと2年目の春に葉を出してきます。球根は卵形で直径4〜5cm、休眠期間は短く、暖地のユリらしく1月には発芽しています。白色で、苦味がなく、奄美大島ではウケユリのことを「甘ユリ」、テッポウユリを「苦ユリ」と呼ぶそうです。両者はよく似ていますが、テッポウユリは海岸付近に自生し、ウケユリは山中にあります。テッポウユリは葉柄がなく、花粉の色は黄色で、ウケユリには短い葉柄があり、花粉は赤褐色をしています。

危惧種ランク
★★★
絶滅危惧ⅠA類(CR)

学名
Lilium alexandrae

科・属名
ユリ科ユリ属

開花期
5〜6月

分布
鹿児島県

1 ウケユリの花。請島保護地にて2001年に撮影。
2 群落。請島保護地にて2001年に撮影。
3 ウケユリの朔果。岸壁に張り付いていた。2000年12月に請島で撮影。

エビネ属

　ラン科の多年草で、常緑または落葉性。アフリカ、アジア、オセアニア、熱帯アメリカに207種が分布しています。茎は基部が肥大して球茎となり、古いものが地下で連なって残ります。その球茎から根が出ている様をエビの体節にたとえてエビネ（海老根）と呼ばれています。花茎は頂生あるいは腋生し、数個から多数の花を総状につけます。日本の種はすべて地生で常緑です。シカはエビネの葉が好きではないようですが、多雪地帯では冬に他の植物の葉がなくなるので雪上に出た葉が食べられているのを見かけます。

　研究者によって見解は異なりますが、最新の図鑑では日本には19種と1変種が認識されています。花も葉も大きくよく目立つこと、同一種であっても一株として同じものがないほど多様なこと、分布域や開花期が同じ種の間では自然交雑が生じることなどによって、園芸的な採集の対象となり、個体数が少なくなっています。レッドリストでは20種と1変種が掲載されており、日本に自生するすべての種が何らかの形でレッドリストに掲載されていることになります。

　また、エビネ属植物には栽培中にさまざまな植物ウイルスが容易に感染します。栽培株を植え戻す行為がウイルスをまき散らして本来の自生株の生存を脅かすことになるなどの問題も生じており、慎重に保全活動を進める必要があります。

ランク	和名	学名	標準学名	標準和名
CR	キソエビネ	*C. alpina* var. *schlechteri*	*C. alpina*	
CR	アマミエビネ	*C. amamiana*		
CR	タガネラン	*C. davidii*	*C. bungoana*	
CR	タマザキエビネ	*C. densiflora*		
CR	ホシツルラン	*C. hoshii*		
CR	サクラジマエビネ	*C. mannii*		
EN	キリシマエビネ	*C. aristulifera* var. *kirishimensis*	*C. aristulifera*	
EN	タイワンエビネ	*C. formosana*	*C. speciosa*	
EN	オオキリシマエビネ	*C. izuinsularis*		ニオイエビネ
EN	キエビネ	*C. sieboldii*	*C. citrina*	
EN	トクノシマエビネ	*C. tokunoshimensis*	*C. discolor*	エビネ
VU	ダルマエビネ	*C. alismifolia*		
VU	アサヒエビネ	*C. hattorii*		
VU	レンギョウエビネ	*C. lyroglossa*		
VU	オナガエビネ	*C. masuca*		
VU	キンセイラン	*C. nipponica*		
VU	ナツエビネ	*C. puberula* var. *puberula*		
VU	サルメンエビネ	*C. tricarinata*		
VU	ツルラン	*C. triplicata*		
NT	エビネ	*C. discolor*		
DD	オクシリエビネ	*C. puberula* var. *okushirensis*		

※ ランク・和名・学名はレッドリスト、標準学名・標準和名は『改訂新版 日本の野生植物』（平凡社、遊川知久博士）による

1 シカの食害痕が残るサルメンエビネ。昨年の葉がすべて半分ぐらい食害されている。冬、雪の上に出ていた部分を食べたものと思われる。京都・芦生にて。〔2017年撮影〕

2 タカネエビネ。エビネとキエビネの両方の性質を持ち、種間交雑種と推定されている。〔2017年撮影〕

3 エビネ属植物の自生地の様子。ごく近いところにキリシマエビネとキエビネが混生していた。宮崎県にて。〔2019年撮影〕

分布が広く自生量も多いが採集圧も高い

エビネ

エビネは北海道西南部以南に分布し、身近で普通に見ることができ、特に関東と中部地方には多く、落葉広葉樹林の下で風が強く吹き抜けないようなところに群生していることもあります。植林された杉林の下も絶好の生育地で、かつては里山でよく見られました。葉は3枚つき、長さ約30cmで、花茎は高さ約30cmになります。4〜5月にややまばらに8〜15花をつけ、萼片と花弁は暗褐色で平開し約20mmで、唇弁は帯紅色または白色の扇形で3深裂します。

琉球列島産に分布するものをトクノシマエビネ、カツウダケエビネとして扱うこともあり、レッドリストではトクノシマエビネを別種として扱い、IB類に指定しています。花色の変異も多く、ヤブエビネと呼ばれる緑弁白舌の素心花は特に目立ちます。かつて京都府丹後地方に緑弁白舌花ばかりが100株以上群生しているところがありました。また、マツタケのような香りのするものもあります。

キエビネやキリシマエビネとはもちろん、他の種とも混生することが多く、サルメンエビネとの交雑種はイシヅチエビネ、ニオイエビネとの交雑種はコウヅエビネと呼ばれています。九州産のエビネは本州産に比べて花色の赤みが強かったり、唇弁が大きくて派手なものが多いように感じます。エビネと呼んでいるものの中にも他種と交雑しているものがあるのかもしれません。

1 エビネの自生地。杉林下で群落になって咲いていた。〔2019年撮影〕
2 九州南部に見られる花。萼片、花弁の色が濃く、唇弁にも色がつく。〔2017年撮影〕
3 ヤブエビネと呼ばれる緑弁白舌の素心花。〔2019年撮影〕

危惧種ランク
★☆☆☆
準絶滅危惧(NT)
学名
Calanthe discolor
科・属名
ラン科エビネ属
開花期
4月中〜下旬
分布
北海道西南部〜琉球、朝鮮半島、中国(東〜南部)

1

エビネ属で最も大きな花をつける

キエビネ

危惧種ランク
★★☆
絶滅危惧IB類(EN)
学名
Calanthe citrina
科・属名
ラン科エビネ属
開花期
4月下旬～5月上旬
分布
本州(静岡県以西)、四国、九州、済州島、台湾、中国(湖南省)

　静岡県以西の暖温帯の林下に生え、済州島・台湾・中国にも自生があります。葉は長さ60cm、幅15cmもあり、葉幅が広く広楕円形になります。花の萼片、花弁は約30mm、唇弁は25mmと大きく、すべて純黄色でほとんど変異もなく、花茎は60cmに達することもあり、豪華で遠くからでもよく目立ちます。唇弁の中裂片が2裂しないのが特徴です。非常に大型で派手ですが、花被片の間に隙間があったり、花被片が波打ち反り返って咲き、ややだらしがなく洗練された美しさは感じません。

　エビネとキエビネの自然交雑種をタカネエビネと呼び、キエビネの多い九州地方などに多く自生し、花の形や大きさ、色など、さまざまなものが入り混じって咲いています。キエビネの学名について触れると、*C. sieboldii* という学名になじんでいましたが、*C. citrina* の方が早く発表されたのでこちらを用いるのが正しく、*C. striata* はタカネエビネに付けられた学名だそうです。

　キエビネの北限は福井県になります。舞鶴市と福井県高浜町にまたがる青葉山にもキエビネの記録があり、生の植物を見たことはありませんが、周辺地域で見たという話もいろいろ飛び交っていて興味が尽きません。

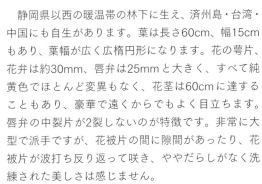

1 キエビネの自生。花も葉も大型でよく目立つ。〔2017年撮影〕
2 タカネエビネの花。エビネとの自然交雑種とされる。エビネのような花形をしている。〔2017年撮影〕
3 別個体のタカネエビネの花。花形はキエビネによく似ている。〔2017年撮影〕

純粋なものはほとんどない

キリシマエビネ

　暖温帯の広葉樹林下に生えるエビネで、華奢ではかない印象を受けます。葉は長さ約25cmで、エビネより細く、先端がとがり、葉柄は長いです。花茎は高さ40cmまでで、10〜20花をつけ、うつむき加減に抱えるようにして咲き、花色は白から微紅色までさまざまです。萼片と側花弁の長さは約15mmで、唇弁も12mmぐらい。唇弁は扇状で先端が浅く3裂するが、ほとんど裂けない株や下向きに反り返り小さく見えるものもあります。中央は縁より濃い紅色をしています。産地により花が小さな個体と大きな個体があって、大きなものをオオキリシマと呼ぶ人もいます。屋久島で見たのは小さな花をうつむき加減につけていました。対馬のものは花が大きいと聞きます。宮崎では場所によってオオキリシマと普通花のところがあるようでした。台湾産のものはライシャエビネと呼ばれ、日本のものより株全体が大型で、花色も濃く、派手です。

　キリシマエビネ、エビネ、キエビネの分布が重なる地域では相互に雑種が生じます。キリシマとエビネの雑種がヒゼン、キリシマとキエビネの雑種がヒゴ、3種の特徴を持つものをサツマと呼んでいます。雑種は強勢なので純粋なキリシマエビネが少なくなっているといいます。キリシマエビネの花の変異について述べましたが、雑種を含めている可能性があります。山がキリシマだらけだったというのは今では夢のような話になりました。

1

1 花色の異なる2個体が狭い範囲に自生していた。宮崎県の杉林下で。〔2019年撮影〕
2 白っぽくて唇弁が細い花。〔2019年撮影〕
3 赤が強く、唇弁が広くて見栄えがする。〔2019年撮影〕

危惧種ランク
★★☆
絶滅危惧ⅠB類(EN)
学名
Calanthe aristulifera
科・属名
ラン科エビネ属
開花期
4月
分布
本州〜九州、朝鮮半島、台湾、中国南東部

1

かつて大島の山にはゴロゴロあった

アマミエビネ

危惧種ランク
★★★
絶滅危惧ⅠA類(CR)
学名
Calanthe amamiana
科・属名
ラン科エビネ属
開花期
2〜3月
分布
鹿児島県

　アマミエビネはラン科エビネ属の多年草で、奄美大島とその周辺の島にだけ自生し、常緑亜熱帯林の林床に生える地生ランです。しっかりとした冬芽を作るので丈夫そうに見えて寒さには弱く、京都では露地で越冬することができません。エビネ類の中で春に一番早く開花し、高さ25〜50cmの花茎に径約2.5cmの花を総状に20輪ほどつけ、花の色は純白から桃紫色までさまざまなものが見られます。やや俯き加減に咲き、上品で可憐な花といえるでしょう。エビネやキリシマエビネとの境界が曖昧でキリシマエビネの変種として扱われたり、エビネの変種として扱われたりすることもありますが、現在は独立の種として扱われているようです。奄美大島周辺にしか分布していないこともアマミエビネを他のエビネと区別する大きな特徴です。

　かつてはたくさん自生していましたが、園芸採取などにより稀にしか見ることのできないエビネになってしまいました。1980年頃には山採りされた株が安価で大量に出回っていたのを記憶しています。エビネのブームが過ぎて、今はまたポツポツと復活してきているようです。

1 一般的な白色地に少し淡桃紫色が差す個体。このような花が足元に乱立していた光景はすばらしいものだったにちがいない。〔2015年撮影〕

2 桃紫色が非常に目立つ濃色個体。残念ながらもはや自生地からは消えたと聞いた。(写真提供:前田芳之さん、2014年撮影)

3 まったく濁りのない純白個体。この個体もすでに自生地にはないそう。(写真提供:前田芳之さん、2007年撮影)

とても地味だが珍しい

サクラジマエビネ

　九州南部の暖温帯に生える非常に珍しいエビネです。最初に桜島で発見されたのでサクラジマエビネと呼ばれています。自生地は桜島以外に半島部分や島嶼部にも知られていますが、なかなかお目にかかれません。1つのバルブに3〜4枚の葉がつき、長さは約50cmで、エビネに比べると葉幅が狭く、葉脈が目立ちます。5月に緑黄色の花を密に多数開き、自家受精をしてたくさんの果実をつけます。そのせいかどうか、花は隔年で開花しているよう思われます。日本の固有種と考えられていましたが、現在の分類では中国からヒマラヤにかけて分布するマンニー種と同じとされています。ただし、日本産の花弁や萼片が緑色をしているのに対し、大陸産は褐色をしており、少し違うようです。かつてはエビネに混じって細葉タイプのエビネとして流通していたこともあると聞きます。

　写真を撮影した場所は宮崎県内のごくありふれた標高200m未満の北西斜面です。地元では前から変わったエビネがあると知られていましたが、標本などの記録はないようです。上部は杉林、下部は常緑樹の自然林で、数株ずつかたまった個体群がパラパラと点在していました。周辺の杉林では伐採が進み、林道が作られ、幹にテープも巻かれていました。自生地がいつなくなっても不思議でない状況です。自生地周辺にはキエビネ、タカネエビネ、エビネ、ヒロハノカランもありました。

スラっとした姿がエビネとは少し違う。おそらく昨年のものだと思われる朔果が残っていた。このエビネが2年続けて咲くのは珍しいが、日当たりの良い場所で条件がよかったのだろう。
〔2019年撮影〕

危惧種ランク

★★★

絶滅危惧ⅠA類(CR)

学名

Calanthe mannii

科・属名

ラン科エビネ属

開花期

5月

分布

九州南部

1 サクラジマエビネの大株。経年的に観察を続けている個体で2017年は開花していた。〔2017年撮影〕
2 **1**の株の翌年。花はなかった。毎年2芽ずつ出すのに開花は隔年。〔2018年撮影〕
3 花のアップ。〔2019年撮影〕
4 満開を過ぎた頃の花茎。果実がつき始めている。〔2019年撮影〕

5 実生苗。開花株の周りに小さな実生苗が育っており、自生地の環境としては健全であると思われる。〔2016年撮影〕

6 結実株。5月の中旬にはすでに花が終わって結実していた。自家受精をしてたくさんの果実を鈴なりにつけている。〔2016年撮影〕

7 自生地の周辺では杉林の伐採が進んでいる。自生地の杉にも黄色のテープが巻かれていた。〔2018年撮影〕

8 ランの大家、筑波実験植物園の遊川博士。花を観察中で寝ているわけではありません。〔2019年撮影〕

1

タガネラン

危惧種ランク
★★★
絶滅危惧ⅠA類（CR）
学名
Calanthe bungoana
科・属名
ラン科エビネ属
開花期
5〜6月
分布
大分県

　Calanthe bungoana という学名が示す通り豊後地方の石灰岩地帯に自生が確認されている非常に稀なエビネ属の植物です。中国にある *davidii* 種の変種として扱う研究者もいます。1930年に発見され、1936年に記載されました。

　暖温帯の海岸に近い林下に生え、線状倒披針形で長さ約50cm、幅2cmと細長い葉を5〜6枚つけ、この葉がカヤツリグサ科のタガネソウに似ているところからタガネランと呼ばれています。5〜6月頃、高さ50cmほどの花茎をだし、黄緑色の小さな花を密に多数つけます。唇弁が上向きにつき3裂し、基部に3個のとさか状の隆起線があります。花弁、萼片は丸まって筒状になり、他のエビネ属の花とはずいぶん様子が違い、戸惑います。

　3月頃に標高約450m、常緑樹に竹が混じる林内に自生しているのを見たことがあります。開花期ではなく花はありませんでした。石灰岩を採掘するためすぐ近くまで山が削られており、現在どれぐらいの株が自生しているのか、自生地の状況が非常につかみにくい植物となっています。

① 小さな花がたくさんついている。1997年6月8日に神園英彦さんが自生地で撮影されたもの。神園さんは多くの貴重な植物の写真をポジフィルムで残されている。
② 花のアップ。花弁、萼片は細くて反り返り、唇弁が他のエビネと異なり上向きについている。〔2017年撮影〕
③ 自生株。石灰岩の採掘地近くで2002年3月に撮影。

青葉山と丹後地方の特産種

オオキンレイカ

　福井県高浜町と京都府舞鶴市にまたがる青葉山と丹後半島の一部地域にのみ自生し、岩の割れ目や隙間などに生えるスイカズラ科の多年草です。ハクサンオミナエシやキンレイカともよく似ていますが、より大型になり先が5裂した黄色の小さな花を集散花序にたくさんつけます。1929年に京都の植物学者の竹内敬氏が発見し、牧野富太郎博士により *Patrinia takeuchiana* と命名されました。和名は「大金鈴花」の意で、花を大きな金色の鈴に見立てて牧野博士により名付けられました。自生地が限られている上、園芸マニアによる盗掘などで個体数が減少、絶滅の危機に瀕しています。青葉山の舞鶴市側には野生個体は現存していません。海を隔てた丹後半島でも2005年に発見されましたが、青葉山とは遺伝的に異なり、多様性が低いこともわかっています。また青葉山の中でも東と西では遺伝的に異なることもわかってきました。

　京都大学と京都府立植物園は高浜町の依頼を受け、青葉山自生株の種子を採種し、実生による増殖を行っています。それぞれの個体の遺伝子解析を行い、遺伝子型の代表的な個体を植物園で域外保全し、高浜町内にも保全園を作る活動をしています。

1

危惧種ランク

★★☆

絶滅危惧ⅠB類(EN)

学名
Patrinia triloba
var. *takeuchiana*

科・属名
スイカズラ科
オミナエシ属

開花期
7〜8月

分布
福井県、京都府

1 自生株。岩肌に貼り付くように自生し、明るい場所を好む。〔2013年撮影〕

2 先が5裂した黄色の小さな花を集散花序にたくさんつける。〔2015年撮影〕

3 丹後半島の自生地。急な岸壁の岩の割れ目に自生する。〔2012年撮影〕

京都の巨椋池で発見・命名

オグラコウホネ

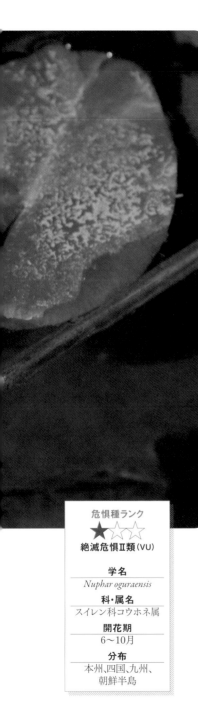

　スイレン科に属する水生植物で、メタセコイヤで知られる京都大学の三木茂博士が京都南部の巨椋池（おぐらいけ）で採集し、オグラコウホネと命名しました。巨椋池ではムジナモも発見され、1921年に天然記念物に指定されましたが、干拓で池自体が消滅し、1940年には指定が取り消されました。1970年代に種指定の天然記念物となったアユモドキやイタセンパラも生息していたといいます。

　コウホネ属の植物には水上葉と水中葉があり、春に水中葉が出たあと水上葉をつけ、花柄が水上に抜き出て花を1つ咲かせます。水上葉は葉身が厚く、光沢がありますが、オグラコウホネは葉柄が細いので葉を水面から突き出すことができず、水上葉が水面に浮く浮き葉となるのが大きな特徴です。中部地方、近畿地方、九州に分布し、変種には柱頭盤が紅色になるベニオグラコウホネがあり、広島県、四国、九州に自生しています。レッドリストはこの両種を合わせてオグラコウホネとして指定しています。

　コウホネ属は北半球の温帯地域に約20種が知られ、日本には6種3変種と種間雑種が認識されており、これほどコウホネ属が多様化している地域はありません。レッドリストには5分類群が指定され、中には水中葉しか持たないシモツケコウホネという種もあります。

1 花と水上葉。花弁のように見える部分は萼片で、実際の花弁は退化して小さくなっている。〔2016年撮影〕
2 水中葉と浮き葉。2016年5月19日に撮影。浮き葉が出始めたところ。根茎が白く長いのでコウホネ（河骨）という名前が付けられた。
3 日本最大の自生地、宮崎県延岡市の川坂湿地。1000株以上にも及ぶオグラコウホネの自生がある。近くの家田（えだ）湿地には1000株以上のサイコクヒメコウホネがあり、こちらも日本最大。〔2016年撮影〕

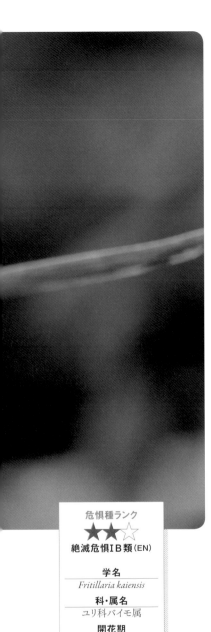

かなりの希少種

カイコバイモ

バイモ属（*Fritillaria*）の植物は北半球の温帯域に約130種が分布しています。地下に球根を持ち、1～数個の釣鐘型の花が下向きに咲きます。日本にも8種自生しますが、中央アジア～地中海沿岸に多くの種が分布し、日本より乾燥した地域が分布の中心になります。大型で派手な種類は観賞用として栽培されます。日本では高山植物として知られるクロユリがバイモ属の代表でしょう。それ以外にコバイモと呼ばれる植物が日本の各地に7種と1雑種が分布しており、最近、九州からもう1種記載されました。

春早く、他の植物が芽吹く前に芽を出し、花を咲かせ、5月にタネをつけ、6月には休眠してしまいます。地上部のある期間が短く、見落としやすいにもかかわらず注目度の高い植物です。狭い範囲に自生し、開発や乱獲で激減しており、6種が環境省のレッドリストで指定を受けています。都道府県のリストを含めるとすべての種が指定を受けています。

中でもカイコバイモは山梨県や静岡県にわずかに自生するだけで、なかなか出会えない植物の一つです。高さは10～20cmになり、長さ4～6cmぐらいの葉が5個あり、上部では3輪生になっています。花は椀状鐘形 - 広鐘形で茎先に下向きに1個つき、長さは12～15mmあります。花被片の外面に淡紫褐色の斑紋があり、花被片の先端が外側に開いています。茎や葉はミノコバイモやアワコバイモに似ており、花はイズモコバイモに似ています。

1 カイコバイモの花。〔2018年撮影〕
2 株全体。上部の葉は3輪生になっている。花被片の先端が外に向かって開いている。〔2018年撮影〕
3 カイコバイモの自生地。開花株のまわりに一枚葉の実生がたくさん生えている。〔2018年撮影〕

危惧種ランク	
★★☆	
絶滅危惧ⅠB類(EN)	
学名	
Fritillaria kaiensis	
科・属名	
ユリ科バイモ属	
開花期	
3～4月	
分布	
東京都、山梨県、静岡県	

危惧種ランク
★★☆
絶滅危惧ⅠB類(EN)

学名
Gratiola fluviatilis

科・属名
オオバコ科
オオアブノメ属

開花期
夏〜秋

分布
本州、四国、九州

動物と植物が織りなす興味深い関係

カミガモソウ

　カミガモソウはオオバコ科オオアブノメ属の一年草で日本の固有種です。高さ20cmほどで、1cmにも満たない開放花と開かないまま自家受精をする閉鎖花をつけ、多くの種子を残し、冬には枯れます。暖地では暖冬の年には枯れないこともあるそうです。

　1920年に京都の上賀茂神社境内の小川で京都大学の小泉源一教授によって発見され、1925年に発表されました。その後、鹿児島県、宮崎県、長崎県北松浦郡、兵庫県赤穂郡、三重県多気郡、高知県室戸市でも見つかりましたが、上賀茂神社や三重県ではその後生育が確認されていません。放棄水田やため池周辺の湿地に生育することが多く、水位の上下によって絶滅する危険をはらんでいます。奄美大島では1955年に鹿児島大学の初島住彦教授が湯湾岳9合目付近で十数個体を発見して以降誰も見たことがなく、絶滅したと考えられていました。ところが、数年前にイノシシがヌタ場にして暴れまわった小さな湿地に突如出現し、2016年には数百の単位で生育するまでになりました。おそらくイノシシが地表をかく乱して埋土種子を発芽させたのでしょう。高知県の自生地では池の水位が下がり、突然カミガモソウが出現しましたが、水面上に抜き出た植物体がシカの食害を受け、状態がよくありません。こうした自然界の複雑さは非常に面白く、動物と植物の関係は単純には割り切れないものだと感じます。

■ カミガモソウの開放花。直径1cmにも満たない小さな白い花。茎が生長して伸び出した上部の葉腋に1花ずつ咲く。〔2017年撮影〕
■ 閉鎖花。開放花に少し遅れて咲き出し、晩秋はほとんど閉鎖花になり、自家受精によって多くの種子をつける。〔2017年撮影〕

1
2

兵庫県

　山中にある古いため池とそれに続く水田跡の湿地に生育。自生地の面積は広いが、密度は低かった。

1 ため池の水中に生育していた。〔2018年撮影〕
2 水田跡の生育地を案内いただいた柳川宏さん。〔2018年撮影〕

高知県

　山頂部にある池の周辺に生育。報告書では数万株が自生する最大の自生地となっていたが、訪れたときは個体数が少なく、水面上に出た部分はシカに食害されていた。

3 自生地である池の遠景。〔2017年撮影〕
4 10月でもこの程度の大きさで花もついていない。水面より上はシカの食害を受けていた。〔2017年撮影〕

長崎県

ため池周辺とその上流域に生育。

1 生育地を案内いただいた石川智昇さん。生い茂る樹木の間に密に生育し、状態はいい。〔2018年撮影〕

2 水没した自生地から移植して個体群の存続を図っている場所。残念ながら水位が安定せず、生育はよくない。〔2018年撮影〕

鹿児島県

奄美大島の山岳部にある小さな湿地に生育。一年草だが、暖かい年は枯れずに翌年まで残るという。前田芳之さんが長年探し続けていたが、数年前に古い登山道沿いに突如出現した。

3 周辺より少しくぼんだ湿地で、面積は狭いが数百株がほぼ純群落を作って状態はいい。よく見るとヒメハイチゴザサやシソバウリクサも生育している。〔2016年撮影〕

4 10月下旬に撮影。20cmぐらいまで生長し、たくさんの種子をつけている。〔2016年撮影〕

1

1 カンアオイの仲間であるウマノスズクサ科ウマノスズクサ属の植物。学名 *Aristolochia grandiflora*。茶色の大きな萼片の下にシッポのようなものがあって長く垂れ下がる。長径が90cmにもなり、アメリカ大陸で一番大きい花といえる。

2 同じくウマノスズクサ属の植物。学名 *Aristolochia salvadorensis*。ツルにならない木本のアリストロキア。映画『スター・ウォーズ』に登場するダース・ベイダーのような花をつける。これも萼片。

3 中国産ウマノスズクサ科の植物。学名 *Saruma henryi*。この科にあってこの植物だけが黄色い花弁を持つ。

未記載のものが多く多様性に富む

カンアオイ属

ウマノスズクサ科カンアオイ属は北半球に約120種が知られており、日本には57種と13の亜種、変種があるとされています。海外で調査が進むとさらに多くの種が見つかる可能性があり、国内にも未知の分類群があります。一方で研究者によって見解が異なり、今後整理されるかもしれない種もあるのが現状です。環境省のレッドリストには51分類群が指定され、スゲ属に次いで2番目に多くの絶滅危惧種を含んでいます。さらに都道府県レベルまで範囲を広げると、77の分類群が掲載され、この中には未記載種も含まれています。つまり、一般に認識されている種類以上のものがレッドリストには掲載されているわけです。

背の低い多年草で、茎は地表を横に這い、節から太くてまっすぐな根を出します。葉はハート形で、表面に雲状の斑紋が出るものやビロード状のつやを持つものもあります。花は茎の先に1個つき、地表近くで咲きます。花弁のように見えるのは萼片で花弁はありません。3枚の萼片が合着して萼筒を形成し、先端は3枚の萼裂片になります。普通はおしべ12個、めしべ6個ですが、半減して6個、3個になるものもあります。

カンアオイ類は起源の古い植物であると考えられていましたが、最新の研究によると多くの種は第四紀（260万年前）以降に種分化した比較的新しい分類群であることがわかってきました。形態が大きく異なるにもかかわらず遺伝的な分化の程度が非常に低いのです。中国大陸に分布する種と日本列島に分布する種が古い年代に分かれたこともわかっており、古くから日本列島にカンアオイ類が存在していたものの、絶滅と多様化を繰り返し、最近になって現在の種が形成されたと考えられます。

4 アジア大陸産のカンアオイ。学名 *Asarum petelotii*。中国南西部からベトナムにかけて分布する。

5 京都大学の高橋大樹さん。カンアオイの系統について研究されており、本稿を書くにあたっていろいろとアドバイスをいただいた。

エクボサイシン

危惧種ランク

★☆☆

沖縄県で指定

学名	*Asarum gelasinum*
科・属名	ウマノスズクサ科 カンアオイ属
開花期	3〜4月
分布	沖縄県

　沖縄県のカンアオイについても触れたいと考え、西表島に産するエクボサイシンを取り上げました。ただしエクボサイシンには環境省の指定はなく、沖縄県の準絶滅危惧という指定があるだけです。南西諸島には17種のカンアオイが自生していますが、15種は何らかの指定があり、指定されていないのは本種とタニムラアオイだけという状況です。

　エクボサイシンはめしべ3個、おしべ6個を持つ小型のカンアオイで、葉の表面は光沢のない暗緑色のものが多く、裏面は淡紫色を帯びています。萼筒は短い筒形になり、長さ・径とも約1cmで、口環がほとんど発達せず、萼筒入口が広く開口するのが大きな特徴です。センカクアオイが島を渡り、めしべ、おしべの数が半減してオモロカンアオイとエクボサイシンができたといわれていましたが、近年の系統解析はその説を支持せず、オモロカンアオイとセンカクアオイは近い関係にありますが、エクボサイシンは少し離れたところにいることがわかっています。形態的にもこの方がよく納得できます。

　さて、このエクボサイシンですがいろいろと謎の多い植物です。西表島には本種に似たサイハテカンアオイというカンアオイがあったり、沖縄島に類似のものがある可能性があったりします。種内変異もなかなか面白く、興味深いカンアオイだと思います。

1 標準的なものに比べると花色が薄く白っぽい個体。〔2014年撮影〕
2 黒色の個体。〔2016年撮影〕
3 よくある色の個体。口環がなく萼筒の入り口が広く空いて中がよく見える。めしべが3本以上あるようにも見える。〔2016年撮影〕

島をまたいで分布する大型種

オオバカンアオイ

オオバカンアオイは奄美大島と徳之島北部に産し、常緑樹の林内に生育する多年草で、奄美大島ではフジノカンアオイと並んで個体数が多い種です。奄美大島北部には道路を挟んで海岸の反対側に生育しているところもあります。

葉は大型で厚く、広卵形または卵形で、表面は光沢のある暗緑色をして雲紋がありません。葉柄に毛があり、触るとザラザラするので花のないときにフジノカンアオイと見分ける格好の区別点となります。花は暗紫色。萼筒は筒形で、萼筒外面と萼裂片には短毛を密生し、萼筒の開口部には口環が形成され、萼裂片より淡色になります。萼裂片は平開し、外周が緑色に縁取られています。変異がほとんどなく、南西諸島産のカンアオイの中では魅力に乏しい種です。

奄美大島に自生する6種のカンアオイの中で、この種だけが他の5種とDNAで区別でき、約2万年前に分化したと考えられています。北方に自生するトカラカンアオイ（準絶滅危惧）とは兄弟関係にあります。南西諸島に分布するカンアオイの中で島をまたいで自生する種は珍しく、確実にまたいでいるといえるのはオオバカンアオイ（奄美大島、徳之島）とヤエヤマカンアオイ（西表島、台湾）だけで、ヤエヤマカンアオイは西表島と台湾で少し形態が異なるようです。

危惧種ランク
★★☆
絶滅危惧ⅠB類(EN)
学名
Asarum lutchuense
科・属名
ウマノスズクサ科 カンアオイ属
開花期
11〜12月
分布
鹿児島県

1 群落の様子。奄美大島北部。〔2017年撮影〕
2 花のアップ。〔2017年撮影〕
3 せいぜいこれぐらいの変異しか見ることがない。〔2017年撮影〕

オナガカンアオイ

花の形がユニークで、宮崎県を代表する植物といってもいいでしょう。宮崎県北部の低山地の照葉樹林下に生える多年草で、萼筒は半球形で上端がいちじるしくくびれ、内壁には縦に高く隆起した襞があります。萼裂片は卵状三角形で黒紫色、縁には白い隈取りがあり、先は細く鞭状に伸びて長さ15cmにもなることがあります。萼裂片1枚の長さが15cmであれば、花の直径は30cm近くあることになり、見方によっては日本に自生する植物の中で一番大きな花をつける植物ともいえるのではないでしょうか。サンヨウアオイとの間に自然交雑種が見つかっており、発見者の岩切貞夫さんにちなみイワキリカンアオイと呼ばれ、ミヤザキタイリンアオイとの自然交雑種はマエダカンアオイと呼ばれています。マルミカンアオイとの間には雑種が見つかっていません。

園芸化が進み、人工交配によって多くの品種が作出されています。自生地で見る個体と展示会に出てくる園芸品種との間に大きなギャップを感じます。特定の個体が持つ変異が増幅されて今の園芸品種になっており、フジノカンアオイのような祖先多型に由来する自生集団間の地域差は少ないと思います。カンアオイでは青軸と呼ばれてる葉柄が緑色をした個体の出現率は非常に低いといわれています。オナガカンアオイではこのような青軸の個体が複数見つかっており、多様な園芸品種の作出に貢献していると考えられます。

私が訪れた数カ所の自生地では、木が生長して林床が暗くなり生育環境が悪化していたり、逆に樹木が伐採されて自生地が消滅していたりするようなところもありました。自生環境の悪化や採集によって生育量が減少しているような印象を持ちました。

危惧種ランク
★★★
絶滅危惧ⅠA類(CR)
学名
Asarum minamitanianum
科・属名
ウマノスズクサ科 カンアオイ属
開花期
4〜5月
分布
宮崎県

1 萼裂片が長いので、急傾斜地に咲いている個体が撮影し易い。〔2018年撮影〕

2 マエダカンアオイ(田上定美さん栽培)

オナガカンアオイの自生地
3 萼裂片の色が薄い個体。〔2018年撮影〕
4 萼裂片の色が濃い個体。〔2016年撮影〕

オナガカンアオイの園芸品種
5 黒峰の華
6 桃太郎
7 日向錦
8 緑竜
（写真提供：脇田洋一さん〔宮崎県在住〕）

カンアオイ属

5

6

7

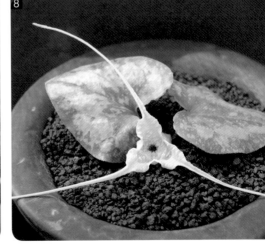

8

交雑によって生まれたグループ

［ サカワサイシン節 ］

　高知県には東から西に向かって、トサノアオイ、サカワサイシン、ホシザキカンアオイが自生しています。これらに先に紹介した宮崎県北部に分布するオナガカンアオイを加えてカンアオイ属の中でサカワサイシン節というまとまったグループを形成します。萼筒の内側の隆起線が縦筋しかないという共通した特徴があり、分子系統では単系統性が強く支持されています。これら4種はいずれも危惧種の指定を受けており、東から西に移るにしたがって萼裂片が長くなっています。何か進化の方向性のようなものが感じられます。

　京都大学の高橋大樹さんはサカワサイシン節のこれら4分類群について研究をされています。夜中に一人、灯りも点けず、森の中に寝転がってカンアオイの花にやってくる昆虫を観察しているそうです。その高橋さんによると、遺伝子を解析したところトサノアオイとオナガカンアオイの交雑によってその中間型としてサカワサイシンが生まれ、さらにサカワサイシンとオナガカンアオイが再度交雑をしてホシザキカンアオイが生まれたことが明らかになりました。東から西へと萼裂片が徐々に長くなっていったわけではなかったのです。

東から西に移るにつれて萼裂片の長さが長くなる。写真は上からトサノアオイ、サカワサイシン、ホシザキカンアオイ、オナガカンアオイ。

トサノアオイ

高知県南東部に産し、萼筒は筒形で萼
筒上部がいちじるしくくびれる。萼裂片
は広卵形で、汚紅紫色で縁は白色。長さ
10〜15mmで、萼筒と同長か、またはや
や長い程度。花が地面にうずくまって咲
くので、写真を撮るのに苦労する。

危惧種ランク		
★☆☆		
準絶滅危惧（NT）		
学名		
Asarum costatum		
科・属名		
ウマノスズクサ科 カンアオイ属		
開花期		
4〜5月		
分布		
高知県		

1 葉と花。〔2018年撮影〕
2 花を正面から見たところ。〔2018年撮影〕
3 土に埋もれるようにして咲いており、光に十分当たっていない。〔2018年撮影〕

サカワサイシン

高知県中西部に産し、萼筒は半球形で萼筒上部がいちじるしくくびれる。萼裂片は卵状長楕円形で斜めに伸び、長さ2〜3cmで、上面は暗紫色で光沢があり、縁は白色または淡黄色に隈どりされ、その基部にはしわ状に隆起した襞がある。サカワサイシンとホシザキカンアオイの萼裂片の長さはさまざまで、どちらに分類すべきか迷う個体もある。

危惧種ランク
★☆☆
絶滅危惧Ⅱ類(VU)
学名
Asarum sakawanum   var. *sakawanum*
科・属名
ウマノスズクサ科   カンアオイ属
開花期
4〜5月
分布
高知県、愛媛県

1 右の株がサカワサイシン。左の株は萼裂片が細長くなりサカワとホシザキの中間的な形質を持つ。高知県四万十町にて。〔2018年撮影〕
2 花のアップ。〔2018年撮影〕
3 葉と花。〔2018年撮影〕

危惧種ランク
★★☆
絶滅危惧ⅠB類(EN)
学名
Asarum sakawanum var. *stellatum*
科・属名
ウマノスズクサ科 カンアオイ属
開花期
4〜5月
分布
高知県

ホシザキカンアオイ

　サカワサイシンの変種として扱われ、さらに西側の高知県の南西部に産し、萼筒上部がくびれる。萼片の先が細長く尾状になり、基部の合着部は内側に窪んだ花をつけ、花色は濃紫褐色で、萼裂片の縁部並びに先端部は黄白色の縁取りとなる。高知県西部の無人島には、過去の調査で葉が非常に大きいお化けホシザキカンアオイが見つかったことがある。

1 花と葉。サカワサイシンより萼裂片が少し長く伸び出している。〔2017年撮影〕
2 花のアップ。〔2017年撮影〕
3 やや赤っぽい色をした個体。〔2017年撮影〕

79

厳しい環境で健気に生きる

　両種とも長崎県のごく限られた場所にだけ自生し、産地名を和名に持つカンアオイです。シジキカンアオイ（以後シジキ）はサンヨウアオイの変種でIA類に、フクエジマカンアオイ（以後フクエジマ）は独立種で、環境省の指定はなく、長崎県のⅠ類に指定されています。

　両種は長さ径ともに約1cmの小さな花をつけ、萼筒は上下に押しつぶされたような半球形あるいは倒卵状球形で、上部がいちじるしくくびれているところが似ています。おしべの数はフクエジマが6本なのに対して、シジキは6本の正常なおしべに加えて葯（やく）を持たない仮おしべを6本持ちます。葉の大きさはフクエジマが5〜10cmで、シジキより大きいように文献には書かれています。私の見た自生地は、海岸沿いの急な斜面で栄養に乏しく、ほとんどの個体は小さな葉を1〜2枚とあとは花を1個つけているだけで、毎年1枚の葉を出すのがやっとのように見えました。シジキも山の斜面にあって林床が暗く、小さな葉が1〜2枚の個体が多く、葉の大きさに差は感じませんでした。シジキの葉の表側は光沢があって葉脈が食い込む独特の形をしていますが、フクエジマの中にも光沢が強いもの、葉脈が食い込むものがあります。いずれにしても、両種とも個体数が少なく、自生地の環境もよくないので絶滅が危惧される種だといえるでしょう。

シジキカンアオイ

危惧種ランク
★★★
絶滅危惧ⅠA類（CR）
学名
Asarum hexalobum var. *controversum*
科・属名
ウマノスズクサ科 カンアオイ属
開花期
4月
分布
長崎県

1

1

グスクカンアオイ

1 萼筒が細長いところがトリガミネと類似する。〔2008年撮影〕

2 萼裂片の色が薄い個体。花が地面から突き出ている。〔2008年撮影〕

トリガミネカンアオイ

3 葉と花。トリガミネではしばしば萼裂片が2枚になる。〔2018年撮影〕

4 木の根の隙間の狭いところに多数の個体が生育している。おそらく同じ親からの実生だろう。〔2017年撮影〕

トリガミネカンアオイの花

5 葉が枯れて花だけポツンと咲いていた。萼筒の形がよくわかる。
〔2018年撮影〕

6 毛が少なく、緑色がよく目立つ個体。〔2017年撮影〕

7 赤黒い個体。〔2017年撮影〕

8 萼筒が白っぽい個体。〔2018年撮影〕

危惧種ランク

★☆☆

絶滅危惧II類(VU)

学名
Asarum fudsinoi

科・属名
ウマノスズクサ科
カンアオイ属

開花期
冬

分布
鹿児島県

変異の大きい奄美大島固有の大型種

フジノカンアオイ

　フジノカンアオイは奄美大島産の大型の種で、個体数も多く、種内に非常に多くの変異を含んでいます。カンアオイ類は変異が大きいとよくいわれますが、自生地でのフジノカンアオイの変異の多さ、幅の広さは群を抜いています。オナガカンアオイも変異の多い種ですが、どちらかというと園芸化されて変異の幅が広がっているように思われます。葉は10〜22cmの長卵形になり、無毛で、葉柄にも毛がなく、ツルッとしています。葉の表面は光沢があり、雲紋状の斑が入ることが多いものの光沢のない個体も見られ、それらはツヤナシフジノカンアオイと呼ばれたりします。花は冬季に長い間咲き続け、黄緑色や緑紫色あるいは淡褐色で、花径は3〜4cm、長さは2〜3cmになります。萼筒は丸みのある筒形で、長さは1.5〜3cm、径は1.5〜2cmで上部が幾分くびれるとされていますが、実際のところはさまざまな大きさや形をしたものがあります。萼裂片や萼筒の大きいものをオオフジノカンアオイ、小さなものを産地の名を取ってヤンマカンアオイと呼ぶこともありますが、正しく記載された種ではありません。萼筒が丸いつぼ型で萼裂片が小さい集団もあります。

　このようにフジノカンアオイの変異が大きいのは祖先多型と呼ばれ、祖先の多様性をそのまま維持しているからだと考えられており、細分化してさまざまな呼び名で呼ばれる所以でもあります。一方で、同じ場所に自生していて遺伝的に未分化にもかかわらず、他種とは交雑せず「種の単位」を維持していることもわかっています。

1 標準的と表現してよいフジノカンアオイの花。〔2010年撮影〕
2 緑色の個体。フジノカンアオイにはこのような花がよくある。この個体はあまりきれいではない。1つの谷全部がこのような花のところもある。もちろん素心ではない。フジノの素心は珍しい。前田さんにもらった写真を見ていたら1つそのようなものがあった。〔2010年撮影〕

自生地1〔2017年撮影〕
北部の産地で標高は低い。個々の花は小さく、形や色の変異が大きかった。
1 緑色の強い個体。
2 黒色の個体。
3 4弁の奇形花。
4 萼裂片が丸い個体。

自生地2〔2017年撮影〕
白っぽくて大きい花が咲く産地。
5 この自生地の中では標準的な花。もっと白色の
はっきりした個体もあった。

自生地3〔2015年撮影〕
萼裂片が小さく、つぼ型の萼筒をした花の咲く産地。
6 萼裂片が小さくて丸い、典型的な花。
7 萼筒はつぼ型だが、裂片は大きい。
8 萼筒のくびれが小さい大型の花。

1

自生地で開く花はなかなか見られない

カンラン

危惧種ランク
★★☆
絶滅危惧ⅠB類(EN)
学名
Cymbidium kanran
科・属名
ラン科シュンラン属
開花期
10〜11月
分布
本州、四国、九州

本州中部以南の日本、中国、台湾の常緑樹林下に自生しています。冬に咲くので寒蘭と呼ばれ、学名は牧野富太郎博士により命名されました。葉は細長く上に向かって伸び、深緑でつやがあり、葉縁は滑らかです。5〜10の花をまばらにつけ、花色は緑を基調としてさまざまなものがあり、上品な香りもあります。葉も花もバランスに優れて美しく、高貴な植物といってよいでしょう。暖地に広く分布するものの個体数は非常に少なく、よい個体はびっくりするぐらい高い値で取引されます。園芸的な採集熱が高く、自生地で開花株を見ることは非常にまれです。幸運にも筆者は2014年11月10日、鹿児島県で地元の方に案内していただき、カンランの開花株を見ることができました。暗い常緑林内に3輪だけが咲いていました。曇天の夕方にストロボを使って撮影したのでいい写真ではありませんが、自生状態の開花株に出会うことは珍しいので取り上げます。この株はその後も観察を続けていますが、なかなかたくさんの花をつけるようになっていません。

カンランの種子は発芽すると共生菌から養分をもらいながら地中で樹枝状の根茎を発達させ、大きくなると地表に緑葉を出してきます。有名な産地では、地表に現れた株だけでなく、土を掘り返して地中の根茎を探すこともあり、産地は荒廃しているそうです。また、「山播き」と呼んで、栽培株を交配してできた種子を有名な産地に播いて実生苗を得る、というようなことも行われているらしく、本来の自生株かどうかわからなくなっています。

1 カンランの草姿。暗い常緑林内に3輪だけがひっそりと咲いていた。〔2014年撮影〕
2 花のアップ。緑ではなくやや赤褐色がかった色をしていた。〔2014年撮影〕
3 2年後の様子。株があまり大きくなっておらず、花は虫の食害を受けていた。色の発色も前回に比べて悪かった。〔2016年撮影〕

丈夫な植物のはずが絶滅の危機に瀕する

キブネダイオウ

　タデ科、ギシギシ属の川辺に生える多年草で、茎は高さ1.4mになります。京都府貴船川流域と岡山県高梁市磐窟渓（たかはししいわやけい）に隔離分布し、近年広島県でも見つかっています。貴船川流域では1993年に絶滅したと報告されましたが、2000年に京都大学の瀬戸口浩彰教授らによって再発見され、2003年には465個体が確認されました。

　京都府と岡山県、中国大陸に隔離して分布するというのはアユモドキという魚と同じで、興味深い現象です。地史的に意味のあることなのでしょうか。

　キブネダイオウの自生地は危機的な状況にあります。貴船川流域ではヨーロッパ原産のエゾノギシギシが人の手によって持ち込まれ、キブネダイオウとの間に自然交雑種ができました。この雑種は両親よりも生育が旺盛だったので純粋なキブネダイオウが減ったのです。さらには2010年頃になるとシカが出没するようになり、キブネダイオウを含むすべての植物が食べられてしまい、純粋なキブネダイオウを見ることが非常に困難になっています。岡山の自生地でもエゾノギシギシとの交雑が進み、キブネダイオウを見つけるのが難しい状況にあります。

　貴船で再発見されてからシカが侵入するまでの2007年に京都大学が調査を行い、慎重に選抜して保存していたキブネダイオウ純系の種子を2011年に蒔いたところ発芽したので京都府立植物園で系統保存をしています。DNAを調べて純系であることが確認できた苗を鞍馬小学校の敷地内に植栽するなどの試みも行っています。

1 植物園内に植栽されたキブネダイオウ。〔2017年撮影〕
2 果実のように見えるのは翼状内萼片と呼ばれるもので、この中に種子がある。翼状内萼片のまわりに先がかぎ状に曲がる長い刺毛があることと、元部にこぶ状の突起を作らないことがキブネダイオウの特徴。〔2017年撮影〕
3 キブネダイオウ苗の植え付け。フェンスに囲まれた鞍馬小学校の駐車場の片隅に子供たちと一緒にキブネダイオウを植栽した。〔2017年撮影〕

危惧種ランク
★★☆
絶滅危惧ⅠB類（EN）
学名
Rumex nepalensis subsp. *andreaeanus*
科・属名
タデ科ギシギシ属
開花期
5〜6月
分布
岡山県、広島県、 京都府

1

ソハヤキの地に点在

キレンゲショウマ

　紀伊山地と中国山地、四国山地、九州山地に点在し、海外では韓国と中国安徽省にも分布しています。キレンゲショウマ属には本種しかなく、他に類似した種も見当たりません。このような属のことを一属一種とか単型属と呼びます。愛媛県石鎚山で採取された個体をタイプ標本にして東京大学の矢田部良吉教授によって1890年に記載されました。和名をそのままローマ字で表記して属名としたことでも知られています。山地林内の湿った岩の上や岩礫地に生える多年草で、石灰岩地帯にあることの多い種です。掌状に分裂した大型の葉が対生し、花は5数性の両性花で、茎頂にまばらな円錐状の集散花序を作り、上の花から下の花に向かって次々に咲いていきます。

　開花期は夏です。夏でも涼しく適当な湿度のある山地に自生している本種を京都で栽培すると蕾はたくさんついても開かずに落ちてしまい健全に開いた花はめったに見られません。ウリハムシという害虫に食害されることもあります。春の生育を早め、気温の低い梅雨のうちに咲かせると健全に咲いてくれました。

　近年ではシカの食害がひどく、自生数が激減しています。柵越しでないと花が見られない自生地も多いようです。この自然界のアンバランスが解消されて自生地で自然な状態で花が楽しめるように戻ることを願っています。

1 花のアップ。花弁やおしべが5の倍数で成り立っていることが観察できる。〔2016年撮影〕
2 稜線の直下にあった。シカの食害を受けずに残っている数少ない自生地だと考えられる。〔2016年撮影〕
3 先端の花が先に開き、次に脇にある蕾が開いていく。高知県にて。〔2016年撮影〕

危惧種ランク
★☆☆
絶滅危惧Ⅱ類（VU）
学名
Kirengeshoma palmata
科・属名
アジサイ科
キレンゲショウマ属
開花期
6〜8月
分布
本州〜九州

③

地上に舞い降りた着生ラン

クモイジガバチ

　本州・九州の冷温帯の樹上に着生する高さ5～7cmの小型のランです。茎は球形のバルブとなり、ほぼ同形の葉が2枚向かい合って出ます。花茎はバルブの先端（葉の間）から出て総状に10個ほどの花をつけます。花はクモキリソウに似て赤褐色で、唇弁は正面から見るとほぼ三角形に見え、徐々にカーブして先端のところで外に巻き、先は切形となります。漢字で書くと「雲居似我蜂」で、雲居とは非常に高い場所を指し、高い樹上に着生するジガバチソウに似たランという意味になります。生育地が高い樹上なのでなかなか人の目に触れることがなかったが、花の観察をする人が増えたためにいろいろなところで見つかるようになったというのが研究者の弁です。

　ここに載せた写真は京都大学フィールド科学教育研究センター芦生研究林（芦生の森）で撮影しました。クモイジガバチの着生していた木が沢をまたぐようにして倒れていたのです。撮影するのに理想的なこの場所は芦生の主と呼ばれ、年間100日近くも芦生にいるという福本繁さんに教えていただき、研究林事務所の方にご案内いただきました。道もなく、人の来ない小さな沢沿いだったのでそのまま残すこともできましたが、やはり年々株数、開花数とも少なくなっていきました。研究林事務所脇の木に移植されたものがあって、こちらは健気に毎年花をつけています。

危惧種ランク
★★★
絶滅危惧ⅠA類(CR)
学名
Liparis truncata
科・属名
ラン科クモキリソウ属
開花期
5月下旬
分布
本州・九州

1 咲き始めで色が濃い。ずい柱に花粉塊が見える。〔2019年撮影〕

2 倒木上のクモイジガバチ。上から撮影できるところが何ともいえない。〔2016年撮影〕

3 倒木のあった沢。左にあるのが倒木で、ご案内いただいた研究林事務所の平井さんと奥田さん、同行された筑波実験植物園の堤さん。〔2017年撮影〕

危惧種ランク
★★★
絶滅危惧ⅠA類(CR)

学名
Lagenophora lanata

科・属名
キク科
コケセンボンギク属

開花期
7〜10月

分布
中国、四国、九州、
東南アジア、オセアニア

危惧種ランク
★☆☆
絶滅危惧Ⅱ類(VU)

学名
Solenogyne mikadoi

科・属名
キク科
コケタンポポ属

開花期
7〜9月

分布
鹿児島県、沖縄県

コケセンボンギク　コケタンポポ

愛らしい花をつけるキク科の植物

　レッドリストに掲載されるキク科の植物数は167で、科のレベルで見ると232のラン科植物に次いで2番目に多く、全キク科植物の約4割が掲載されています。キク科植物は実はちょっと苦手で、写真が少なく困りました。探し回って、コケセンボンギクとコケタンポポを取り上げることにします。いずれも奄美大島で見た植物です。

　コケセンボンギクは山頂付近の開けた場所にありました。林縁の日当たりの良い草地に生える小型の多年草です。葉は長さ約30mmの広いさじ形で、茎が立ち上がらず、ロゼット状になり、10cmほどの花茎を伸ばし直径5mmほどの白色の頭状花序を単生します。頭状花序には舌状花が3列に並んでいます。本属の植物は約10種がアジア、オセアニア、南米に分布しています。

　コケタンポポは、増水すると水に浸かってしまう渓流沿いの岩の割れ目にアマミカタバミ（ⅠA類）と一緒に生育していました。日本固有の小さな渓流植物です。ロゼット状に広がる根生葉は長さ約2cmの倒披針状楔形で、羽状に裂けています。高さ約3cmの花茎の先に頭状花序を単生し、舌状花、いわゆる花びらがなく、数個の筒状花だけをつけるので、咲いていてもまったく目立ちません。本属はコケセンボンギク属に近縁で、本種以外はオーストラリアとその周辺に限って数種が分布しています。

1 コケセンボンギク。11月12日に撮影。山頂付近の開けた場所にポツポツと生えていた。〔2018年撮影〕
2 コケセンボンギクの花。10月28日に撮影。アップにすると白い舌状花が美しい。〔2016年撮影〕
3 コケタンポポ。10月26日に撮影。花が終わって、奥の花序には痩果が見える。〔2017年撮影〕

コブシから生まれた3倍体

コブシモドキ

コブシモドキは過去に一株だけ徳島県で見つかり、現在では野生絶滅したと考えられている植物です。1948年8月に四国の植物を精力的に研究されていた赤沢時之氏と阿部近一氏が徳島県相生村平野（現那賀町）の大建谷の杉植林地内で、枝が匍匐性の1mほどの伏条性灌木を発見しました。その時、阿部氏が持ち帰った株が生き残り、花をつけるようになり、野生では匍匐性であったのが栽培品では直立性の高木に育ったということです。その後の研究で3倍体であることがわかりました。種子ができないので、挿し木や取り木、接ぎ木で殖やされ栽培されています。

葉は大きく、葉身は広倒卵形から倒卵形で長さ約15cm。葉の先端は尖り、基部はくさび形。コブシによく似ているところから、コブシモドキやハイコブシと呼ばれています。驚くほど大きな丸弁の整形花をつけ、日本産のモクレン属植物でこれほど美しく魅力的なものはありません。花径15cm弱、白色で基部はときに淡桃色を帯びています。花弁は6枚で広倒卵形から円形、基部は爪状に狭まり長さ約10cm。野生では一株しか見つかっていません。

最近の研究によると系統的には西日本型コブシと区別できず、減数分裂異常を起こした2倍体のコブシから生じた同質3倍体植物ではないかと考えられています。四国には自生しないコブシから生じたというのが不思議なところです。（Sakaguchi et al. in prep.）

1

危惧種ランク
★★★
野生絶滅（EW）
学名
Magnolia pseudokobus
科・属名
モクレン科モクレン属
開花期
3〜4月
分布
徳島県

1 丸弁で大型の整形花。まるで園芸植物みたいに整った花。〔2014年撮影〕
2 日当たりの良い場所で作ると立性のしっかりした姿になる。〔2019年撮影〕
3 葉の形態が一番近いとされるコブシの花。〔2011年撮影〕

1

危惧種ランク
★★☆
絶滅危惧ⅠB類(EN)

学名
Ophioglossum pendulum

科・属名
ハナヤスリ科
ハナヤスリ属

分布
鹿児島県、沖縄県、
東京都および
旧熱帯区に広く分布

オオタニワタリ類と仲良し

コブラン

　大木に着生して垂れ下がる常緑性のシダで熱帯アジアを中心に広く分布しています。日本では南西諸島や小笠原など温かい地域にあるシダでも、種全体から見れば日本のものは分布の北限に当たるといえます。葉は長さ1m以上にもなり幅が狭く帯状になります。さらに葉のふちが縮れていて、その姿を昆布に見立ててコブランと名付けられています。ランという名を持ちますがもちろん蘭ではなく、ハナヤスリ科のシダ植物です。大きな株では10枚以上の葉が垂れ下がり、長く伸びた葉では先の方が又状に分岐したり、全体がねじれることもあります。自生地ではオオタニワタリ類の根株に着生していることが多いように見受けられます。

　アジアでは近年シダの人気が高く、産地によって葉幅の狭いものや広いものが集められています。日本のものと同じかどうかを考えるとき、種の区別に使える形質が極めて少ないため、環境の違いによるのか別種なのかの判断がつきません。遺伝情報を知りたいと思う種類の一つです。コブランの仲間は旧熱帯区に広く分布していますが個体数は多いわけではなく、着生している大きな木が伐採されると共に消えてしまうので、森林伐採の影響を受けやすい種だといえます。園芸的な魅力も高いので自然界からは急速に姿を消しており、絶滅の危険性が高い種であるといえるでしょう。

１ コブランの自生状態。小さな沢に張り出した木につくヤエヤマオオタニワタリの根に着生していた。大木の高いところに着生し、タニワタリ類など他の植物に囲まれて生育しているので、なかなかうまく写真に収めることができない。沖縄県にて。〔2014年撮影〕

２ シマオオタニワタリの根に着生するコブラン。高くてわかりにくいが、よく見るとコブランがある。鹿児島県にて。〔2012年撮影〕

３ 胞子嚢をアップにしてみると、ハナヤスリ属であることがうなづける。

サクライソウ

危惧種ランク
★★☆
絶滅危惧IB類(EN)
学名
Petrosavia sakuraii
科・属名
サクライソウ科 サクライソウ属
開花期
6月
分布
本州、九州

　サクライソウは単子葉植物で、上位の分類群からサクライソウ目、サクライソウ科、サクライソウ属サクライソウとなり、サクライソウという言葉が連なっています。近縁なものがなく、サクライソウ目はサクライソウ科だけからなる単型目で、サクライソウ科にはサクライソウ属とオゼソウ属があります。サクライソウ属には3〜4種があります。和名は1903年に岐阜県恵那山で桜井半三郎氏によって発見されたことにちなみます。

　常緑広葉樹林、落葉常緑混交林、針葉樹林などの林下に生え、葉緑素を持たない菌従属栄養の多年草で、高さ7〜20cm、淡黄色で下部に鱗片葉が互生しています。

　6〜7月に、茎の先に5〜20花が総状になってつきます。花は径が約4mmで、花被片は単子葉らしく6個あり、卵状三角形で、下部が漏斗状になります。内側の3枚は1.5mmで外側はその半分の長さです。

　おしべも6個あります。心皮が3個で、下部だけが合着しているので、柱頭が3個あります。大雑把な見方をするとめしべが3個あるということでしょうか。朔果は長さ3mmになります。

　長野県、岐阜県、愛知県、石川県、福井県、京都府、鹿児島県（奄美大島）でごくまれに見いだされていますが、台湾、中国（海南島）、ベトナム、ミャンマー、スマトラ北部にも分布しています。奄美大島では小さな沢沿いの平坦な場所に、不用意に足を踏み入れられないぐらいの大きな群落を作っていました。案内していただいた服部正策先生によると以前より個体数が増えているとのことでしたが、2018年秋の豪雨により沢の様子が一変し、今はまた少なくなっています。

1 20以上の花が総状についている。花被片やめしべの形も何とかわかってもらえると思う。〔2017年撮影〕

2 常緑樹の株元にあって、珍しく写真に緑を入れることができた。周辺にポツポツとあって、近づいたり、寝転がったりして撮影することができなかった。〔2017年撮影〕

3 サクライソウの群落。常緑樹が繁った暗い林床で周りに他の植物がない。〔2017年撮影〕

サクラソウ類

〔2015年撮影〕

　サクラソウ類は可憐で非常に魅力的な植物群です。形態が似ていて分類にも苦労します。環境省のレッドリストでは日本に自生する26種類のうち17種類が何らかの指定を受けており、残りの9種類も都道府県レベルで絶滅が危惧される分類群の指定を受け、結局すべての種類が何らかの指定を受けていることになります。

　そのような分類群について、私が材料を持っている特定のものだけを取り上げるのは不十分と考え、サクラソウの研究者で、多くのサクラソウ類をご覧になっている兵庫教育大学の山本将也先生（写真下）に写真提供をお願いして本稿をまとめました。

　サクラソウ属には北半球を中心に400種以上があり、日本には26分類群（14種と12変種）が知られています。サクラの花に似ているのでサクラソウと呼ばれ、学名の Primula には「早春に咲く花」という意味があります。中国南西部からヒマラヤにかけての山岳地帯に特に多くの種が生育し、ここからサクラソウの仲間が北半球各地に分布を拡大していったと考えられています。

　日本には東アジアから来た系統と欧州から北米を経由して来た系統があり、サクラソウとエゾコザクラを除き、どちらの系統も日本列島で種分化を起こし、日本の固有種となっています。特定の地域や山にしか自生しないような分布域の狭い種類が多く、さらには盗掘、開発による自生地の破壊もあって野生個体数は減少し、現在では多くのサクラソウ類が絶滅の危機に晒されています。

日本に自生するサクラソウ属の絶滅危惧種（環境省レッドリスト 2019　準拠）

種名	学名	レッドリスト カテゴリ	開花期
カッコソウ	*P. kisoana* var. *kisoana*	絶滅危惧ⅠA類	4月
ヒメコザクラ	*P. macrocarpa*	絶滅危惧ⅠA類	6月
ミョウギコザクラ	*P. reinii* var. *myogiensis*	絶滅危惧ⅠA類	4−5月
チチブイワザクラ	*P. reinii* var. *rhodotricha*	絶滅危惧ⅠA類	4−5月
カムイコザクラ	*P. hidakana* var. *kamuiana*	絶滅危惧ⅠB類	6−7月
ユウバリコザクラ	*P. yuparensis*	絶滅危惧ⅠB類	7月
ミチノクコザクラ	*P. cuneifolia* var. *heterodonta*	絶滅危惧Ⅱ類	7月
ヒダカイワザクラ	*P. hidakana* var. *hidakana*	絶滅危惧Ⅱ類	4−5月
シコクカッコソウ	*P. kisoana* var. *shikokiana*	絶滅危惧Ⅱ類	4月
レブンコザクラ	*P. modesta* var. *matsumurae*	絶滅危惧Ⅱ類	5−6月
クモイコザクラ	*P. reinii* var. *kitadakensis*	絶滅危惧Ⅱ類	5−6月
コイワザクラ	*P. reinii* var. *reinii*	絶滅危惧Ⅱ類	4−5月
ソラチコザクラ	*P. sorachiana*	絶滅危惧Ⅱ類	5月
テシオコザクラ	*P. takedana*	絶滅危惧Ⅱ類	5−6月
サクラソウ	*P. sieboldii*	準絶滅危惧	4−5月
シナノコザクラ	*P. tosaensis* var. *brachycarpa*	準絶滅危惧	5−6月
イワザクラ	*P. tosaensis* var. *tosaensis*	準絶滅危惧	4−5月
オオサクラソウ *	*P. jesoana* var. *jesoana*	山形県	6−7月
エゾオオサクラソウ *	*P. jesoana* var. *pubescens*	北海道	4−5月
ハクサンコザクラ *	*P. cuneifolia* var. *hakusanensis*	福井県	7月
エゾコザクラ *	*P. cuneifolia* var. *cuneifolia*	北海道	7月
ヒナザクラ *	*P. nipponica*	青森県	7月
クリンソウ *	*P. japonica*	埼玉県	5−6月
ユキワリソウ *	*P. modesta* var. *modesta*	熊本県	6−7月
ユキワリコザクラ *	*P. modesta* var. *fauriei*	岩手県	5−6月
サマニユキワリ *	*P. modesta* var. *samanimontana*	北海道	4−5月

*環境省のレッドリストには含まれないが、各都道府県で指定を受けている分類群

カッコソウ

危惧種ランク

★★★
絶滅危惧ⅠA類(CR)

学名
Primula kisoana
var. kisoana

開花期
4月

　群馬県の鳴神山とその周辺にのみ分布し、四国に分布するシコクカッコソウとは遺伝的に明瞭に区別される分類群です。別名キソコザクラとも呼ばれ、学名の*kisoana*は「木曽」に由来するものの木曽（長野県）からカッコソウの自生が報告されたことはなく、学名の由来に興味がわきます。

　植林による落葉広葉樹林の減少と園芸目的の採取により個体数が非常に少なくなっていて、平成24年には国内希少野生動植物種（種の保存法）の指定を受けました。たくさんの個体が生えているように見えて、そのほとんどがクローンであることが最近の遺伝子解析によって明らかにされています。

現在は地元の保全団体によって自生地は厳重に保護されている。写真は盗掘防止用の柵越しに撮影したもの。〔2015年撮影〕

ソラチコザクラ

危惧種ランク
★☆☆
絶滅危惧Ⅱ類(VU)

学名
Primula sorachiana

開花期
5月

日高山脈と夕張山地の湿った岩壁に生える固有種。基準産地は空知地方ですが、日高山脈周辺で生育密度が特に高く、林道沿いや低地の沢沿いで普通に見ることができます。形態的特徴からユウバリコザクラの低地型とする見解もありますが、詳細についてはあまりよくわかっていません。ソラチコザクラとユウバリコザクラの2種については、日本に自生している他のサクラソウ類とは系統が大きく異なり、アラスカや欧州の種に類縁があるとされています。

帯広市内にて撮影。花喉部が白いので、形が似ているユキワリコザクラと容易に区別することができる。〔2016年撮影〕

危惧種ランク
★☆☆
絶滅危惧Ⅱ類(VU)

学名
Primula reinii
var. kitadakensis

開花期
5〜6月

クモイコザクラ

南アルプスや八ヶ岳周辺の亜高山帯に生えるコイワザクラの変種。葉が大きく裂け、鋸歯が尖ることで他の変種とは区別されています。比較的広い範囲に分布するものの園芸目的の採取により各地で減少し、登山道沿いで見ることは難しくなっています。望遠レンズでないと撮影できません。

登山道からかなり外れ、遭難寸前で見つけた小さな集団。このように手の届く距離で野生個体を撮影することは非常に難しい。〔2015年撮影〕

サマニユキワリ

アポイ岳一帯の岩礫地に分布するユキワリソウの変種。アポイ岳を代表する植物の一つで、アポイ岳ジオパークのキャラクター「アポイちゃん」にも使われています。ユキワリソウの仲間は形態の変異が特に大きく、サマニユキワリも含めて未だに分類学的な議論が続いています。

ゴールデンウィークの頃にアポイ岳に登ればたくさんの個体を見ることができる。同所的にヒダカイワザクラも生えるが、ヘラ型の葉を持つのがサマニユキワリ。〔2015年撮影〕

日高山脈の固有種で、稜線や沢沿いの岩の裂け目に生えており、長く木質化した地下茎を岩の裂け目に這わせて殖えていきます。日高山脈周辺にたくさんあるサクラソウ類の中で、岩場に生え円形の葉を持つものはヒダカイワザクラ以外にありません。高山性で花茎や葉柄に長軟毛があるものをカムイコザクラとして区別する見解もありますが、日高山脈西側の低地にも同様の形質を持つ個体が頻繁に見られ、区別するのは難しいでしょう。

ヒダカイワザクラ

ヒグマの糞がいたるところにある沢で見つけた個体。小さな植物体の割には不釣り合いな大きい花をつける。〔2016年撮影〕

テシオコザクラ

危惧種ランク
★☆☆
絶滅危惧Ⅱ類（VU）

学名
Primula takedana

開花期
5〜6月

北海道天塩地方の蛇紋岩崩落地のみに分布する珍しい小型のプリムラ。発達した地下茎を伸ばし、大きな群落を作ります。ヒダカイワザクラと本種のように根茎が木質化し、這うように生長するプリムラは世界的に見ても珍しいといえます。遺伝子解析により、ヒダカイワザクラから比較的最近に分化したことが示唆されました。花びらが平開する他のサクラソウ類とは異なり、テシオコザクラの花びらは漏斗状になる特殊な構造を持ちます。また、甘い香りを放つことも本種の大きな特徴です。そのような特殊なテシオコザクラの花には、大型のマルハナバチなどではなく、筒の径とぴったりと合う小型のハチやアブ類が集まることがわかっています。

大量のアブに苦戦しながら沢登りをして見つけた個体。ニホンザリガニが棲む清流のほとりに現れるテシオコザクラとオゼソウの花畑はとても美しい。〔2016年撮影〕

チチブイワザクラ

　埼玉県武甲山の固有種であるチチブイワザクラは、日本で見られるサクラソウ類の中では最も大きな花をつけます（花径2〜3.5cm）。しかしながら、現在は立入り禁止区域内のわずかな場所にしかなく、近い将来に野生絶滅することが危惧されています。

　現在、チチブイワザクラはコイワザクラの変種に位置づけられますが、過去には独立種とされたり、イワザクラの変種にされたりして分類学的な位置がはっきりとしませんでした。これは、葉の表面に軟毛が生えるものをコイワザクラ、生えないものをイワザクラとして区別していることに由来します。チチブイワザクラの場合、軟毛は若い葉にだけ見られ、成長すると脱落してしまうために、研究者の間でも見解が割れてしまっていたのです。分子系統樹を引いてみると、チチブイワザクラはコイワザクラの中でも祖先的な系統であることがわかりました。もしかすると、若い葉に現れる軟毛は、イワザクラとコイワザクラが分化した名残であるのかもしれません。

小さな植物体に不釣り合いな大きな花をつける。よく目立ち、イワザクラとは見た目の印象もかなり異なる。清水が垂れる石灰岩の隙間に自生する。〔2015年撮影〕

危惧種ランク
★★★
絶滅危惧ⅠA類(CR)
学名
Primula reinii   var. *rhodotricha*
科・属名
サクラソウ科   サクラソウ属
開花期
4月
分布
埼玉県

冷涼な環境を好むイワザクラの変種

シナノコザクラ

サクラソウ属

危惧種ランク
★☆☆☆
準絶滅危惧(NT)
学名
Primula tosaensis var. *brachycarpa*
科・属名
サクラソウ科 サクラソウ属
開花期
4〜6月
分布
本州・関東西部・中部地方南部

大鹿村の渓流沿いで2014年に撮影。点々と自生していたが、個体数は減少している。採取されてなくなることも多いが、豪雨で渓流沿いの株がゴッソリとやられることもある。

　イワザクラの変種で、イワザクラより冷涼な地域に分布しています。草丈は10cm以下でイワザクラより小さく、花は紅紫色。蒴果が長楕円形または曲がった短い円柱形で、長さ13mm以下、萼片の1〜1.5倍であることが相違点になります。葉形は円くなり、葉の分裂の深いものも見られます。花冠もやや小さく直径2cm前後で、筒部もやや短く、萼も6mm以下です。カマナシコザクラと呼ばれる葉柄の毛や葉脈が赤みがかっているものもありますが、他の地域からも出現するところから区別する必要はありません。

　自生地の周辺にはクモイコザクラやミョウギコザクラ、チチブイワザクラなどコイワザクラの変種がたくさんあり、本種もコイワザクラの変種と考えられていましたが、イワザクラの変種とするのが妥当です。

113

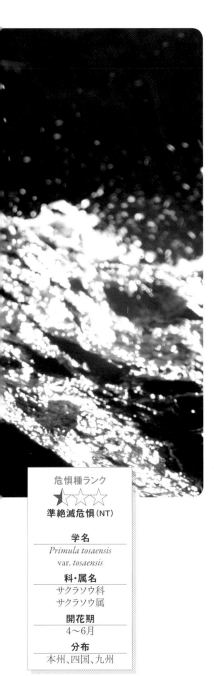

高知で発見された日本の固有種

イワザクラ

　イワザクラは山地の石灰岩の岩地に見られる日本の固有種です。根茎は短く、数枚の葉がロゼット状につき、3〜8cmの柄があり、花茎とともに乾くと赤みをおびるやわらかい毛が生えています。葉身は円形で径3〜7cm、縁は不規則に浅く裂け、ふぞろいのとがった歯牙があり、表面は無毛です。高さ5〜15cmの花茎を伸ばし、数個の花を散形につけます。萼は長さ6〜8mmで5裂し、花冠は紅紫色で、直径約3cm、筒部は長さ1.5cmになります。朔果が花後いちじるしく発達し、長さ1.5〜2.5cm、萼の2〜3倍になり、やや曲がるのが特徴です。

　イワザクラは1890年に矢田部良吉教授により現在の高知県仁淀川町で採取された2つの標本に基づいて記載され、同時にトサザクラという別名も提案されました。本州（岐阜県・紀伊半島）、四国、九州（宮崎県）に分布し、四国には自生地がたくさんあります。イワザクラの自生地の北側、関東地方から紀伊半島にかけてコイワザクラが分布しています。両者は葉の表面の毛の有無によって区別され、イワザクラには毛がなく、コイワザクラにはまばらに毛が生えています。コイワザクラは地域によって葉の形態がさまざまで、クモイコザクラやミョウギコザクラ、チチブイワザクラなどが変種として区別されています。シナノコザクラはイワザクラの変種に分類されます。

危惧種ランク

★☆☆
準絶滅危惧（NT）

学名
Primula tosaensis
var. *tosaensis*

科・属名
サクラソウ科
サクラソウ属

開花期
4〜6月

分布
本州、四国、九州

1 高知県安芸市の自生地で2009年に撮影。現在は道路が崩壊して行けないようだ。沢のそばにたくさんのイワザクラが咲いていた。

2 宮崎県鰐塚山の自生地で2017年に撮影。高知に比べると暗くて植物体が大きく、自生の密度は低い。

3 高知県の株のアップ。5枚の花弁があるように見えるが、合弁花で全部つながっていて5裂している。このような花冠の形を高杯形と呼ぶ。〔2009年撮影〕

1

遺伝的な違いが外観に現れない

シマオオタニワタリ

危惧種ランク
★ ☆ ☆
準絶滅危惧 (NT)
学名
Asplenium nidus
科・属名
チャセンシダ科 チャセンシダ属
分布
琉球列島 （沖縄島・久米島以北）

　奄美大島に行くとたくさんのシマオオタニワタリが独特の景観を作っていてうれしくなります。このようななじみ深い植物がいきなり絶滅危惧種と聞くと違和感もありますが、この植物の実体には奥が深くて非常に面白いものがあります。

　日本のオオタニワタリ類はオオタニワタリとシマオオタニワタリ、ヤエヤマオオタニワタリの3種が自生しています。オオタニワタリはII類に指定され、他の2種と形態的に区別できます。残りの2種はDNAの違いによって、奄美大島を中心に屋久島から沖縄島の一部まで分布するものをシマオオタニワタリと呼び、それ以外の地域のものはヤエヤマオオタニワタリと呼びます。従来シマオオタニワタリと呼んでいた植物は日本のみならず旧世界の熱帯に広く分布する単一種であると考えられていましたが、分子系統解析によって生殖的に隔離したたくさんの種に分化していることがわかりました。別の言い方をすると、花は咲かないし、葉も単葉で細長く、切れ込みなどもなく形態が単純すぎて外観は同じに見えても、実は縁が遠くてお互いに交雑することもできない別々の種に進化していたということになります。一方で、先島諸島に自生し主脈の形態が異なるリュウキュウトリノスシダは、分子系統解析の結果から他の地域にも自生するヤエヤマオオタニワタリに含まれることがわかっています。

　少しややこしい話になりましたが、この種を扱うときには海外のものも含めて自生地の情報を記録することが非常に重要であるといえます。

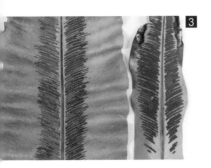

1 奄美大島の渓流沿いを歩くとたくさんのシマオオタニワタリが独特のトロピカルな景観を作っている。〔2015年撮影〕
2 シマオオタニワタリのアップ。〔2015年撮影〕
3 シマオオタニワタリ（左）とオオタニワタリ（右）の胞子嚢群の比較。

派手な姿が目を引く

ショウキラン属

　ショウキラン属は葉緑素を持たず菌類の助けを借りて育つ菌従属栄養のランです。4種が日本〜ヒマラヤにかけて分布し、日本には3種があって、さまざまな形で絶滅危惧種に指定されています。

　地下にはよく肥厚した根茎があって、春から初夏にかけて大型で多肉質の花が地上に現れます。総状花序を形成し1本の花茎にたくさんの花をつけるので、菌従属栄養のランの中では一番派手ではないでしょうか。花がやや上向きに咲き、2枚の側萼片がパッと開いているところが両手を広げて迎えてくれているみたいで撮影していてうれしくなります。袋状で前方に曲がる大型の太い距（きょ）もよく目立ちます。和名は「鍾馗蘭」で、側花弁の様子から頬当（ホホアテ）をした鍾馗の顔を連想したものといわれています。属名の *Yoanin* は江戸時代末期の蘭学者・宇田川榕菴にちなんでつけられています。

　シナノショウキランは長野県南部だけに分布し、従来キバナノショウキランとされていたものが、2001年に新種として発表されたものです。キバナノショウキランより草丈が高く、鮮やかな黄色をしています。花色を除けば草姿や花形はキバナノショウキランよりショウキランに似ており、分布もショウキランと重なりません。キバナノショウキランは太平洋側を中心に、より暖かい地域に生え、抱え込むような咲き方をするのが他の2種とは異なっています。ショウキランは花が淡紅紫色になることが他の2種と異なり、3種の中で一番広く分布しています。

1 シナノショウキランの群生。手を広げて迎えてくれているように見える。〔2014年撮影〕

2 シナノショウキランの自生状態。キバナノショウキランに比べると草丈が高い。〔2009年撮影〕

3 花のアップ。キバナノショウキランに比べると色が鮮やかで、花形はショウキランに似ている。〔2009年撮影〕

危惧種ランク
★★☆
絶滅危惧ⅠB類(EN)
学名
Yoania flava
科・属名
ラン科ショウキラン属
開花期
6月下旬
分布
長野県南部

長野県の狭い範囲に自生

シナノショウキラン

伊那谷ではいろいろなところで目にするが、自生数の年次変動も大きく、同じ場所に行ってもまた見られるとは限らない。神園英彦さんは大量の花が咲いている群落を撮影されている。その場所に二度行ってみたがまったく花に出会えないでいる。

危惧種ランク
★★☆
絶滅危惧ⅠB類(EN)
学名
Yoania amagiensis
科・属名
ラン科ショウキラン属
開花期
6月下旬～7月
分布
本州(関東～紀伊半島)、四国、九州、台湾にも分布

キバナというには少し地味

キバナノショウキラン

　花はくすんだ感じの黄褐色で、萼片が完全に開かず、抱え込むような咲き方をする。静岡県で撮影。この自生地はアクセスがよく個体数もかなりあった。小さな沢の合流点から下流にかけて、点々と自生していた。脇の沢から洪水で流れ出た枯れ木混じりの土砂の中にたくさん生えていた。

１ たくさんの花が集まって咲いているが、何株かの集合体になっている。〔2014年撮影〕
２ 二株が寄り添って咲いていた。一株当たりの花数はこれでも多い方だろう。〔2010年撮影〕
３ 花のアップ。〔2010年撮影〕

1 1カ所にかたまらず点々と
生えていた。
2 ショウキランの草姿。
3 花のアップ。ランらしい整っ
た形をしている。

写真にするのが難しい

ショウキラン

危惧種ランク

★☆☆

27道府県で指定

学名
Yoania japonica

科・属名
ラン科ショウキラン属

開花期
6月下旬～8月

分布
北海道～鹿児島県、
海外では台湾、中国、
アッサム

　分布域が広く産地が多いので環境省では指定され
てないのだろうが、1カ所に生育する個体数は少な
いように思われる。2015年に京都府にて撮影。川の
源流部にポツポツと生えており、ネットをかけて保
護されていた。3種の中では一番美しく感じるが、写
真では微妙な色がなかなか再現できない。自生地が
暗くてシャッターが切れず、ストロボを使うとまっ
たく違う色になってしまう。学生の頃は何とかいい
写真が撮りたいと、もがいていた。

ジョウロウホトトギス類と
キバナノツキヌキホトトギス

　ユリ科ホトトギス属は東アジアからインドにかけて約20種があり、その半分以上、12種と6変種が日本に分布し、そのうち9種3変種は固有種で、レッドリストには6種3変種が記載されています。ホトトギス属は日本で多様化し、4節に分けられます。そのうちの一つジョウロウホトトギス節は3種1変種が認められる日本固有のグループです。茎が湿り気のある崖から下向きに垂れ下がり、花は黄色の釣鐘型で下向きに半開します。他のホトトギスとは明らかに異なるグループといえるでしょう。

　ジョウロウホトトギスは1885年に牧野富太郎博士が高知県越智町の横倉山で採取した標本に基づき、1885年に記載されています。キイジョウロウホトトギス（以下、キイ）は和歌山県秋津川村（現田辺市）産の標本に基づき、1935年に記載されています。サガミジョウロウホトトギス（以下、サガミ）は1957年に神奈川県丹沢で発見され、1958年にジョウロウホトトギスの変種として記載されています。スルガジョウロウホトトギス（以下、スルガ）は1958年に静岡県富士宮市で発見され、1962年に記載されています。

　ジョウロウホトトギスは高知県の石灰岩地帯に分布し、キイは紀伊半島に多数が広く自生し、大型で丈夫です。サガミとスルガは花が総状花序を作り茎頂につき、花梗が長いので花が葉の下で咲くので目立たず、生育個体数も少ない種類です。

　キバナノツキヌキホトトギスはキバナノホトトギス節に属し、この節もまた日本固有です。下垂性で黄色の花をつけるところはジョウロウホトトギス類と似ていますが、花が葉腋に1個ずつ上向きにつき、平開するところはまったく異なります。宮崎県都農町尾鈴山で1934年に採取された標本に基づき、1935年に記載されています。

ジョウロウホトトギスの花。釣鐘型の花が半開で下向きにつく。〔2011年撮影〕

ツキヌキホトトギスの花。黄色の花が上向きに平開する。〔2019年撮影〕

牧野博士が命名

ジョウロウホトトギス

高知県の石灰岩地帯に分布し、3カ所の自生地が知られ、直線距離にすると10kmも離れていないにもかかわらず遺伝的な隔離が見られる。越智町の横倉山の個体数は非常に少なくなっている。

1 石灰岩地に自生し、周りに水の流れる沢などもなく、特別湿度が高いようには思えない。栽培下では湿度を要求し、夏に葉が焼けやすい。〔2017年撮影〕

2 花被片の内部にある茶褐色の斑点がキイジョウロウホトトギスに比べるとまばらで、先端までまんべんなくある。〔2017年撮影〕

3 タイプ産地のジョウロウホトトギス。樹木類に覆われ、花つきが悪い。葉の片方の基部だけが茎を抱き込み、茎の上に葉が伸びだして、横から見ると葉柄があるように見える。〔2017年撮影〕

紀伊半島産で豪華

キイジョウロウホトトギス

葉の基部が茎を抱いているように見えることと、花被片内側は斑点に覆われ茶褐色をしているが、先端部だけには斑点がないので黄色の覆輪状に見えるところがジョウロウホトトギスとの区別点になる。

1 滝の近くで水滴が飛んでくるような岸壁に多数生育していた。水分が豊富で株の状態は良かった。和歌山県古座川沿いの沢で撮影。〔2012年撮影〕

2 花被片の内部は茶褐色の斑点に覆われるが先端には斑点がなく、黄色い花弁の地色が覆輪状に見える。〔2012年撮影〕

3 葉の基部が茎を抱いているように見える。〔2007年撮影〕

丹沢に限られるが遺伝的には健全

サガミジョウロウホトトギス

丹沢山塊の尾根を挟んで東西につながった一つの自生地があり、面積が広く個体数も多い。尾根を越えて遺伝子の交流もあるようで、遺伝的多様性が高い健全な集団を作っているとの報告がある。サガミとスルガはよく似ているが、サガミは株元に翌年の芽を作り、スルガは根茎を伸ばし株から離れたところに翌年の芽を作ることで区別できる。

危惧種ランク
★★☆
絶滅危惧ⅠB類(EN)
学名
Tricyrtis ishiiana var. *ishiiana*
科・属名
ユリ科ホトトギス属
開花期
9月
分布
神奈川県

1 個体の密度は低く、ポツポツと岩から垂れるようにして自生していた。〔2009年撮影〕

2 花被片の内部は茶褐色の斑点はまばらだが、先端部分まである。〔2009年撮影〕

3 サガミジョウロウホトトギスの花序。花梗が長いので花が葉の下でぶら下がって咲き、目立たない。〔2013年撮影〕

絶滅が心配される自生地がある

スルガジョウロウホトトギス

　静岡県と山梨県に分布し、山梨県産の個体はカイジョウロウホトトギスと便宜的に呼ばれることもある。両者は遺伝的に異なることもわかっている。山梨県の産地は日当たりが悪く開花株が非常に少なく、危機的な状況にある。本種は「不思議」がたくさんあって興味の尽きない種類だと思う。

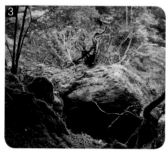

1 茎頂に総状花序を作り、数花をつけ、花梗が長いので花が葉の下でぶら下がって咲いて目立たない。〔2010年撮影〕

2 花被片の内部は茶褐色の斑点はまばらで、先端部分にはない。〔2013年撮影〕

3 山梨県の自生地の惨状。沢沿いの大きな岩に100株以上が生育し、光環境もよく花もよく咲いていたが、洪水によって岩が反転し、ほとんどの個体が下敷きになってしまった。〔2009年撮影〕

危惧種ランク
★★☆
絶滅危惧ⅠB類(EN)
学名
Tricyrtis perfoliate
科・属名
ユリ科ホトトギス属
開花期
10月
分布
宮崎県

ヒルに守られた宮崎県の固有種

キバナノツキヌキホトトギス

　尾鈴山にのみ自生が知られ、名前の通り、葉の基部が茎を抱いて合着し、茎は葉の下部をつき抜けるようになる。ジョウロウホトトギス類より葉が堅く、乾燥に強い。尾鈴山には沢沿いに点々と自生地があるようだが、近年の洪水によって流されてしまっているところもあるらしい。2019年9月下旬に撮影。満開には少し早かった。雨模様だったこともあってかヒルに悩まされながらの撮影になった。数年前はこんなことはなかったと思うのだが。

1 滝の両脇の急な斜面に自生。満開より早く、先端の一部の花だけが咲いていた。足場が悪く十分に近づくことができなかった。

2 花と葉。葉の基部が茎を抱いて合着し、茎は葉の下部をつき抜けるようになっている。

3 横から見た花の様子。

スゲ属

絶滅危惧植物について語るとき、スゲ類に触れないわけにはいきません。2018年のレッドデータには97種類のスゲ属植物が指定されていて、リストに掲載される維管束植物のレッドデータ全体の4.5％に当たります。属レベルで指定された植物の数を比較すると、スゲ属はダントツの1位で、カンアオイ属が51で2番目となります。そしてアザミ属（29）、ツツジ属（28）、テンナンショウ属（25）と続きます。また科レベルで見ると、スゲ属を含むカヤツリグサ科は153種類で、ラン科（232）、キク科（167）について3番目です。

カヤツリグサ科スゲ属は世界中に分布し、寒冷地を中心に約2000種があります。日本には269種があり、加えて亜種や変種も多くあり、日本では最も種数の多い属です。

花は小さな単性花で花被（花びら）はありません。雄花は鱗片の腋に1〜3個のおしべがつくだけで、軸のまわりに密に集まって雄小穂というものを作ります。雌花も鱗片の腋につき、1個のめしべと子房が果胞と呼ばれるつぼ型の器官の中にあって、先端から2〜3本に分かれた柱頭を出します。雌花も穂状に集まって雌小穂を作ります。

大部分が多年生の草本で、茎は立ち上がらず、線形の根出葉を多数つけています。花茎は葉の間から伸び出し、その先に雄小穂と雌小穂をつけます。湿地や渓流沿いに生育するものが多く、大型種は笠（菅笠）や蓑などに用いるため栽培されていました。

種数が多いので亜属や節に分けて考えられることが多く、分子系統学的研究では4つのグループがあるとされ、最新の図鑑では亜属を立てず49の節に分けて解説されています。

芦生のタヌキラン

　タヌキランは湿った斜面の岩場に生える日本固有のスゲです。多雪地帯には普通に自生し、環境省の指定はないものの、西南暖地では珍しく京都を含む4都府県で指定があります。

　京都府南丹市芦生に自生するタヌキランは分布の西南限になります。京都府では丹後半島と芦生にだけ自生が確認されています。芦生では由良川本流沿いの南向きの急傾斜地に300本近くあったものが台風による増水とシカの食害によって最近激減し、遺伝的多様性が失われてしまいました。（写真は2019年に秋田県で撮影したもの）

スゲ属のカテゴリー別種数	
カテゴリー	種数
EX：絶滅	0
EW：野生絶滅	0
CR：絶滅危惧ⅠA類	19
EN：絶滅危惧ⅠB類	22
VU：絶滅危惧Ⅱ類	37
NT：準絶滅危惧	19
DD：情報不足	0

特殊な環境に生きるオンリーワンの種
ヤマタヌキラン

活火山などで水蒸気とともに有毒な硫化水素や亜硫酸ガスを多量に含む火山ガスの噴出している孔を硫気孔と呼び、その周辺を硫気孔原と呼んでいます。噴気温度は200℃前後もあり、周辺には硫黄の結晶が付着して、硫黄の塔ができているところもあります。箱根や蔵王、十勝岳などが有名です。硫気孔原の土壌pHは2〜3ぐらいになっていて、pH7の中性土壌に比べると水素濃度が1〜10万倍も濃いことになります。それにより植物にとって有害なアルミニウムイオンや硫酸イオンが土壌水分中に多量に溶出していますが、このような極限の場所でも生育できる植物があります。それがヤマタヌキランです。

ヤマタヌキランは他の植物が入り込めない硫気孔原にのみ自生し、東北地方にある7カ所の火山地帯に隔離して点状に分布しています。環境省レッドリストには記載がなく、秋田県と福島県で指定があるだけなので絶滅危惧種としてのインパクトは弱いですが、とにかく変わった植物なので取り上げました。自生地は限られるものの、個々の火山帯では生育個体数も多く絶滅の心配はないといえるでしょう。ただし、水辺の植物と同様に火山活動が沈静化し、周りの環境が変わってしまえば簡単になくなってしまう危険性があります。

ヤマタヌキランは形態的には高山の砂礫地に自生するコタヌキランとよく似ています。普通土壌に生育する近縁の祖先種から種分化したのちに硫気孔原への適応性を獲得したと考えられています。

危惧種ランク
★☆☆
秋田県、福島県で指定
学名
Carex angustisquama
科・属名
カヤツリグサ科 スゲ属
果期
6〜7月
分布
東北地方

1 玉川温泉にて撮影。ここの温泉は日本で最もpHが低いといわれている。〔2019年撮影〕

2 自生地。噴出した硫黄の結晶の後ろに黒っぽく見えるのがヤマタヌキランの群落。〔2019年撮影〕

3 ヤマタヌキランの調査風景（阪口翔太先生提供）。栗駒山麓の鬼首発電所で防毒マスクをつけて調査をしている学生さん。〔2017年撮影〕

ツシマスゲ

ヌカスゲ節。日本の固有種で、長崎県対馬、佐賀県馬渡島（まだらしま）、鹿児島県黒島と九州の島嶼に点在して分布しています。カンスゲ類に似ていますが、林縁や樹林内の斜面のような日当たりのよい乾いた環境に生えます。

葉幅は3〜8mm。花茎は20〜60cmで、花茎の先端は雄小穂となり長さ2〜5cm、著しく離れて3〜5個の雌小穂があり、長さ2〜5cmで長い柄があります。雌鱗片は緑白色で長い芒があり、果実は3稜が顕著な菱形をしています。

危惧種ランク
★☆☆
絶滅危惧Ⅱ類(VU)
学名
Carex tsusimensis
果期
4〜5月
分布
鹿児島県、長崎県、佐賀県

撮影・提供：対馬の國分英俊先生。〔2008年撮影〕

別名リクチュウスゲ、カルイザワスゲ。タマツリスゲ節。岩手県、宮城県、栃木県、群馬県、東京都、長野県と九州北部の山地の草原や明るい樹林内に分布し、朝鮮半島にも分布しています。匍匐枝を伸ばし、まばらに生え、葉幅は3〜5mm です。

花茎は30〜60cm になります。軟弱で、花茎の先端は雄小穂となり、赤紫色をして、長さ1〜2cm。雌小穂は下方にあり、長さ1〜1.5cmで、まばらに果胞をつけ長い柄があって垂れさがります。雌鱗片は果胞より短く、果胞は長さ6mm で口部が斜めに切れています。

危惧種ランク
★☆☆☆
準絶滅危惧(NT)
学名
Carex kujuzana
果期
5〜6月
分布
本州〜九州

クジュウツリスゲ

撮影・提供:阪口翔太先生。東京都府中市で撮影。〔2019年撮影〕

危惧種ランク
★☆☆☆
準絶滅危惧(NT)
学名
Carex pauciflora
果期
7〜8月
分布
北海道、本州

タカネハリスゲ

北海道、浮島湿原にて撮影。私はトキソウに目を奪われていたが、同行者たちはかがみこんでルーペと図鑑を片手に何やら小さな草を熱心に観察していたのがタカネハリスゲだった。〔2018年撮影〕

別名ミガエリスゲ。タカネハリスゲ節。周北極地域に分布し、日本では北海道と本州の吾妻山、尾瀬、苗場山の高層湿原に生えています。匍匐枝を伸ばし、まばらに生え、葉幅は約1mm です。

花茎は10〜20cm になります。花茎の先端に小穂を1個だけつけ、雌雄性で雄花、雌花ともに2〜4個あります。雌鱗片は果胞より短く、果胞は長さ6〜7mmで、熟すと著しく反曲します。

オハグロスゲ

危惧種ランク
★★☆
絶滅危惧ⅠB類(EN)

学名
Carex bigelowii
果期
7〜8月
分布
北海道

アゼスゲ節。周北極地域（北極を取り巻く北半球の高緯度から中緯度山岳地帯）に分布し、日本では大雪山（北海道）の高層湿原に生えています。ゆるい株立ちとなり、葉幅は2〜4mmです。

花茎は15〜40cmになります。花茎の先端は雄小穂となり長さ1〜1.5cm、2〜4個の雌小穂があり、長さ1〜2cmで、たがいに接近してつき直立しています。雌鱗片は黒紫色で果胞より少し短く、果胞は2.5〜3mmで淡緑褐色。果実は長さ1.5〜2mmです。

大雪山で同行の阪口翔太先生にならって、名前もわからず写真を撮った。〔2018年撮影〕

アゼスゲ節。北海道、大雪山と日高戸蔦別岳の砂礫質の湿地に生え、国外では北千島、カムチャッカや東シベリア、朝鮮北部、中国東北部に分布します。株立ちとなり、葉幅は1.5〜3mmです。

花茎は10〜30cmになります。花茎の先端は雌雄性となり2〜4個の雌小穂があり、長さ1〜1.5cmで、たがいに接近してつきます。雌鱗片は黒紫色で果胞と同長、果胞は2〜2.5mmで淡緑褐色。果実は楕円形で長さ1.5mmです。

危惧種ランク
★☆☆
絶滅危惧Ⅱ類(VU)

学名
Carex eleusinoides
果期
5〜6月
分布
北海道

ヒメアゼスゲ

大雪山でオハグロスゲとともに撮影。〔2018年撮影〕

シュミットスゲ

アゼスゲ節。北海道、大雪山と十勝、日高、知床、北見沢小向湿原の高層湿原や湖沼の水辺に生え、国外では千島、サハリン、カムチャッカや東シベリア、朝鮮半島北部に分布しています。まばらに生え、葉幅は2〜4mmです。

花茎は40〜80cmなります。3〜4個の小穂が接近してつき、直立しています。上方に雄小穂があり、線形で長さは1〜2cm、下方のものは雌性で長さ1〜3cmの円柱形です。最下の小穂につく苞には葉身があり小穂より長くなります。雌鱗片は黒紫色で果胞より短く、果胞は2〜2.5mmで黄緑褐色。果実は長さ2mm。

危惧種ランク
★★☆
絶滅危惧IB類(EN)
学名
Carex schmidtii
果期
6〜8月
分布
北海道

撮影・提供:堀江健二先生。2018年の大雪山の調査では見ることができず、後日、旭川市北邦野草園の堀江健二園長が小向湿原で撮影されたもの。〔2018年撮影〕

みごとな整形美

ソナレセンブリ

危惧種ランク
★☆☆
絶滅危惧Ⅱ類（VU）

学名
Swertia noguchiana

科・属名
リンドウ科センブリ属

開花期
10〜11月

分布
静岡県、東京都

シモダカンアオイ

危惧種ランク
★★★
絶滅危惧ⅠA類（CR）

学名
Asarum muramatsui
var. shimodanum

科・属名
ウマノスズクサ科
カンアオイ属

開花期
4〜5月

分布
静岡県

ソナレセンブリは静岡県下田市で発見され伊豆半島と伊豆七島に分布するリンドウ科の植物です。草丈は15cmぐらいで、風と日照が強く蒸散が激しい海岸斜面に自生し、葉は多肉質となり表面に光沢があります。11月初めに5mmぐらいの小さな花を小枝の先や葉腋に1個ずつつけ、たくさんの花がひとかたまりになって咲くので豪華に見えます。花弁にあるくっきりとした紫色の脈もこの花の美しさを際立てています。図鑑では一年草となっていますが、1年であれだけの大株になるとはとても思えません。

この海岸にはイズアサツキ（ⅠB類）もあり、低木の混じる傾斜地に入るとハマセンブリやシモダカンアオイの自生地があります。ハマセンブリはセンブリの変種で、葉が厚く光沢を持ち、やはり海辺の環境に適応した種です。シモダカンアオイはレッドリストではアマギカンアオイとは区別して変種として扱われ、ⅠA類に指定されていますが、アマギカンアオイに含まれるとする見解もあります。

1 ソナレセンブリ。陽光が当たらないと花が開かないのでたくさんの花が開いている写真を撮るには根気がいる。〔2010年撮影〕

2 ソナレセンブリの花のアップ。花弁にある紫色の脈がとても美しい。小さいので見落としがちだが、拡大してみるとこの植物の魅力がよくわかる。〔2010年撮影〕

3 ハマセンブリ。センブリの変種で、センブリに比べると葉が小ぶりで光沢がある。〔2018年撮影〕同所に自生するシモダカンアオイ（右）の葉も光沢を持っていた。〔2010年撮影〕

危惧種ランク ★★☆	危惧種ランク ★★★
絶滅危惧IB類(EN)	**絶滅危惧IA類**(CR)
学名	**学名**
Antrophyum obovatum	*Antrophyum formosanum*
科・属名	**科・属名**
イノモトソウ科 タキミシダ属	イノモトソウ科 タキミシダ属
分布	**分布**
本州〜九州。 東南アジアにも分布	鹿児島県、沖縄県。 台湾・中国にも分布

タキミシダ　　シマタキミシダ

葉の形で見分けられる

　タキミシダ類は肉厚で切れ込みがなく、葉脈に沿って筋状にできる独特のソーラス（胞子嚢群）が魅力的です。旧世界の熱帯を中心に約50種が分布し、日本にはタキミシダとシマタキミシダの2種があり、さらには石垣島にイシガキタキミシダがあるとされています。

　タキミシダとシマタキミシダに限れば両者の区別は簡単で、タキミシダの葉は「しゃもじ」のような形をして、葉柄が細長く葉身は丸く膨らんでいます。シマタキミシダは「へら」のようで葉柄が短く、葉身が基部から先端に向けて徐々に広がっていき境界が不明瞭で、真ん中より上で最大となって先端は急に狭くなります。両種とも渓流沿いの水流からは離れた場所の岩に着生しています。タキミシダ、シマタキミシダともに葉の長さが20cmぐらいになるといわれますが、こんなに大きなものはめったに見られません。私が見たものは両種ともせいぜい10cmぐらいでした。同種かどうかは不明ですが熱帯産のものには20cm以上になり丈夫なものもあります。

　牧野富太郎博士が滝を見に行って見つけたというのでタキミシダと呼ばれ、関東から鹿児島県屋久島まで点々と自生地があり、奄美大島と沖縄にはシマタキミシダが自生し、北と南で棲み分けているように見えます。台湾には両種があるので南西諸島にタキミシダがないのが不思議に思えてきます。

❶ タキミシダ。葉長約15cm、葉身が丸く膨らみ、先端が2裂し、葉柄がはっきりとしてタキミシダらしい特徴を表している。高知県で2018年撮影。

❷ シマタキミシダの自生地。涸れた小さな谷筋の岩に点々と着生していた。同所には大きなオオオサランもあって、湿度の高い谷筋だった。〔2018年撮影〕

❸ シマタキミシダ。葉脈に沿って筋状にできたタキミシダ属特有のソーラスが魅力的。タキミシダのような長い葉柄がなく、葉身がへら形。鹿児島県で2016年撮影。

これでも単子葉植物

タヌキノショクダイ

キリシマタヌキノショクダイ

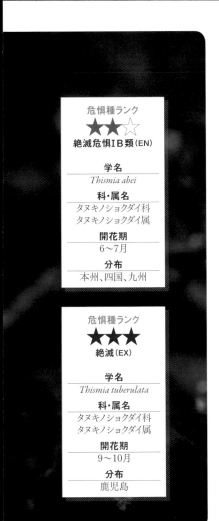

1 タヌキノショクダイ。上部の白いつぼの部分が落ちて、褐色のところだけになるとショクダイが出てくる。〔2019年撮影〕

2 タヌキノショクダイの蕾。花びら、萼の感じがよくわかる。〔2019年撮影〕

3 キリシマタヌキノショクダイ。トリガミネカンアオイなどの発見者である山幡英示さんが迫静雄先生に連れられて1973年に自生地を訪れ、撮影。花被片が落ちて花筒だけになっているが、萼片は確認できる。淡褐色を帯びていることや微小突起があることなど本種の特徴が表れている。

照葉樹林の落ち葉の下に生育しているわずか1cmほどの菌従属栄養植物で、非常に変わった形をしています。根茎が長く這って分枝し、節につぼ形で白色半透明の花をつけます。つぼの入り口の上にドーム状に被さっているのが内花被片（花弁）で、角のような突起が3個あるので花びらが3枚であることがわかります。そして、つぼの上方に3個横向きに出ている突起が外花被片（萼）です。つぼは花筒で、入口から内側下方に向かって6個のおしべがあり、その先に柱頭があります。子房が成熟するとつぼが脱落して柱頭だけが残り、これを燭台に見立ててタヌキノショクダイという名が付けられました。『神津島花図鑑』（日本出版ネットワーク）という本に詳しく書かれています。1943年に徳島県で発見され、東京都、静岡県、宮崎県などにも記録があり、探す人の目の数が増えるとさらに多くの場所で見つかる可能性があります。

キリシマタヌキノショクダイは1972年秋に鹿児島県霧島神宮裏山で発見されましたが、74年以降生育が確認されておらず、絶滅種（EX）となっています。9〜10月に咲き、植物体が大きく、淡褐色を帯び、花被片先端の突起が長く、花被片の外側に多数の微小突起があるのが特徴です。写真は1973年に山幡英示さんが自生地で撮影されたものをお借りしています。「みねはな」65号（2018年発行）に当時のことが書かれています。

テンナンショウ属

　愛好家が多く、花や葉だけでも「テンナンショウや！」とわかる自己主張の強い植物群です。ただし、種名まで正確に知ろうとすると花や産地の情報がないと難しくなります。最新の図鑑では51～52種と13の下位分類群に分けて認識されています。属レベルではレッドリストに25分類群が掲載され、ホシクサ属と同数で5番目に多くなっています。ⅠA類が13、ⅠB類が8、Ⅱ類が4で危惧種ランクの高いものが多いのもこの属の特徴です。

　多年草で、偏球形の地下茎があり、地上には1または2個の葉が出て、葉身は3枚以上の小葉に分かれています。テンナンショウの花は花びらのない単性花です。おしべかめしべかどちらか1つだけできています。そのようなシンプルで小さな花が太い棒のような軸（花軸）の表面に、花柄なしでびっしりと敷き詰められるようについているのです。このような花のつき方を肉穂花序（にくすいかじょ）と呼び、仏炎苞（ぶつえんほう）と呼ばれる器官がそのまわりを取り巻いています。下部は筒状になって花序を取り巻き、上部は舷部と呼ばれ、種特有の色や形を持ち、前に曲がって屋根のように花序を被います。花軸の先端は付属体と呼び、ふくれて棒状、円柱状になり、一部の種では糸状に長く伸びるものもあります。外からはこの仏炎苞と付属体の組み合わせが花として認識され、種を見分けるカギになります。

　雌雄異株で、雄花だけの株とか雌花だけの株があって、さらに同じ株でも年を経て大きく育つと雄株が雌株に変わります。

　約150種が東アジアからヒマラヤにかけて分布し、インド、スリランカ、東南アジア、北アメリカおよびメキシコ、アフリカ東部の高地などにも分布しています。

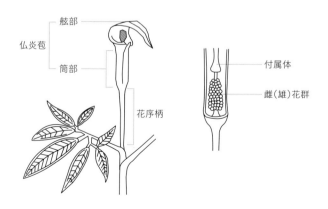

ホロテンナンショウ

舷部が内側に曲がり、ホロ状になって先端が尾状に伸びる。奈良県、三重県に分布する。〔2017年撮影〕

危惧種ランク
★★★
絶滅危惧ⅠA類(CR)

学名
Arisaema cucullatum

イナヒロハテンナンショウ

舷部が大きく、前屈みにならず、淡紫褐色で白色の縦条が入り、非常に美しい。長野に分布するが個体数は少ない。〔2019年撮影〕

危惧種ランク
★★★
絶滅危惧ⅠA類(CR)

学名
Arisaema inaense

ナギヒロハテンナンショウ

2008年に記載された新しい種。舷部は柴褐色で光沢があり、三角状から三角状長卵形で先が細まり長く伸びる。兵庫県、岡山県に分布する。〔2017年撮影〕

危惧種ランク
★★★
絶滅危惧ⅠA類(CR)

学名
Arisaema nagiense

143

花も葉も魅力的なテンナンショウ

アマミテンナンショウ

樹林下のやや湿地に生え、高さは20〜50cmになりますが、10cm程度で開花している個体も見受けられます。葉は2個で、10〜20枚の小葉が鳥足状につき、長さ15cm、幅1〜3cmの細い葉が外側に向かって次第に小さくなりながら弧状に整然と並びます。花期は1〜3月で、雄株は花が葉よりも上につき、雌株では葉の下につきます。仏炎苞の舷部は卵形から狭卵形になり、筒部とほぼ同長です。内面は緑白色で外面は緑色をおびています。付属体は細い棒状。清楚な緑色と開口部の緑白色が非常に魅力的です。奄美大島の山中では群落にならず点々と自生しているのを見かけます。かつて瀬戸内町の山に100株以上が純群落となって生育しているところがありました。夕方だったのでいい写真が撮れず、2年後に再度訪れたところ、全部なくなっていました。残念でなりません。今は少し回復してきており、純群落に戻ることを願っています。

オオアマミテンナンショウとオキナワテンナンショウの2変種があります。オオアマミテンナンショウは徳之島の低地の崖や林縁に生育し、大型になり、植物体が緑色で、仏炎苞にも色斑がほとんど見られません。オキナワテンナンショウは沖縄本島の石灰岩地に分布し、小葉の数が少なく、全体に大型で、仏炎苞の舷部は内部が濃紫色になります。いずれも絶滅危惧種IA類に指定されています。

1 花と葉。花が葉の上に出ているので雄株であることがわかる。〔2017年撮影〕
2 雌株。花が葉の下で咲いている。〔2017年撮影〕
3 2008年2月、瀬戸内町で撮影。この後盗掘にあって全部なくなった。

危惧種ランク
★★☆
絶滅危惧IB類（EN）
学名
Arisaema heterocephalum subsp. *heterocephalum*
科・属名
サトイモ科 テンナンショウ属
開花期
1〜3月
分布
鹿児島県

危惧種ランク
★★★
絶滅危惧ⅠA類(CR)
学名
Arisaema seppikoense
科・属名
サトイモ科 テンナンショウ属
開花期
5月
分布
兵庫県

永らく絶滅したと考えられていた希少種

セッピコテンナンショウ

　兵庫県雪彦山（セッピコサン）の標高400～500mの山腹で発見され、1949年に記載された珍しいテンナンショウです。その後、長い間見つからず絶滅したと考えられていましたが、1990年代にその周辺地域から数十の個体が発見されています。

　山中の林下や湿った岩場などに生え、葉は通常1個で、大きな個体では2個つけるものもあり、5～9枚の小葉を鳥足状につけます。小葉は披針形から狭長卵形で細長く、縁に鋸歯はなく、中央脈に沿ってしばしば白斑があります。

　花序柄は雄花序で長さ1～5cmです。雌花序では7～11cmと雄花序より長くなります。雌株では花が葉とほぼ同じ高さで咲き、雄株では花が葉の下で咲くことになります。仏炎苞の舷部は光沢のある暗紫色で白条があり狭卵形で先がしだいに狭まって長く伸びます。筒部は紫褐色のものと緑色のものがあります。付属体は細い棒状であまり目立たず、長さ2～3.5cm、径1～2mm、円頭でややふくらんでいます。筒部が緑色の個体では付属体も緑色で、紫褐色の個体では紫褐色です。舷部が同じで筒部の色が違うというのは珍しい特徴で、それに伴って付属体の色が変わるというのも当たり前のようですが面白いと思います。

❶ 隣り合って筒部の色の違う個体が生えている。付属体の色まで違う。2009年5月に撮影（次の見開きページ含む）。案内をしてくれた瀬野純一さんが自生地を見つけるまで5年かかったという。私が同行した時にカメラの不具合で写真が撮れなかったというオチまでついている。

1

セッピコテンナンショウの葉。鋸歯の目立つものや葉脈に添って白い斑がもっと大きく入るものもある。

筒部が緑色の個体のアップ。

筒部が紫黒色の個体のアップ。

大株で、葉が2枚ついている。花は折り取られていた。

セッピコテンナンショウの雌株。花序柄が長い。

黒色の強い個体。

筒部の色の違う個体。
葉の鋸歯が目立つ。

ヒュウガヒロハテンナンショウ

　九州産のテンナンショウの中では産地が限られ個体数も少ないので一番珍しい種といえます。南谷忠志氏により1971年春に宮崎県鰐塚山で発見され、1981年に芹沢俊介氏によって記載されました。その後このタイプ産地では見られなくなり絶滅が心配されましたが、他の場所にも生育していることがわかっています。ただやはり個体数は限られており、なかなか目にすることのできない植物です。

　九州南部の山地林下に生える多年草で高さ20〜50 cmになります。葉は1枚で葉身は明らかな鳥足状に分裂し、小葉間には葉軸がやや発達しています。小葉は5〜7枚で、狭楕円形〜楕円形で両端は尖り、全縁または鋸歯縁です。花序柄は短く、軸の上の方に花が乗っているような感じで開花しています。仏炎苞は緑色で、半透明の白い縦筋が多数あり、筒部は淡色でやや上に開き、口部は狭く反曲します。舷部は三角状卵形で細長く、前傾して伸び出しますが、開口部に被さってはいません。花序付属体は基部に柄があり、太棒状で白色、先は仏炎苞の筒口部とほぼ同じ高さです。華奢でスマートな印象があります。特別美しいとか、変わっている感じは受けないのですが、数が少ないと知ると特別な思いを持って見てしまいます。

危惧種ランク
★★★
絶滅危惧IA類(CR)

学名
Arisaema minamitanii

科・属名
サトイモ科
テンナンショウ属

開花期
5月

分布
宮崎県、鹿児島県

１ 清楚でよく整った形をしている。一葉性のテンナンショウは花が正面を向いてくれないので困る。〔2017年撮影〕
２ 自生地の様子。花が軸に乗っかっている感じが面白い。〔2017年撮影〕
３ 正面から見た花。白い筋が美しい。舷部が垂れずにスッと伸びている。〔2017年撮影〕

似通った名前を持つ植物に注意

オガタテンナンショウ

　ツクシテンナンショウ、ツクシヒトツバテンナ
ンショウ、ツクシマムシグサとまぎらわしい名前
が並びます。しかもツクシヒトツバテンナンショ
ウは普通葉を2個つけるので、和名が正しく形態を
表現していません。そこで2018年のレッドリスト
からツクシテンナンショウはオガタテンナンショ
ウに和名表記が変わりました。また、ツクシヒト
ツバテンナンショウも図鑑などではタシロテンナ
ンショウと表記されることが多くなっています。
タシロテンナンショウとツクシマムシグサには環
境省の指定はなく、両種とも九州の4県で指定さ
れ、オガタテンナンショウは3県で指定されてい
ます。

　山地の林下、特に谷筋の斜面によく見られ、高
さは15〜30 cmになります。ほぼ同じ大きさの葉
が2枚つき、小葉は5〜7枚あって、狭倒卵形で先が
急に尖ります。頂小葉は両隣の側小葉よりもやや
小さくなります。5月に開花し、花序柄は3〜12cm
で、雌株では花序柄が短く、花が葉の下で咲きま
す。仏炎苞は緑色で白条は目立たず、舷部は広卵
形、鋭頭で前に大きく曲がり開口部を広く覆いま
す。ヒュウガヒロハテンナンショウの舷部に比べ
ると幅が広くて短く、前に垂れ下がり、ずんぐり
とした感があります。付属体は太い棒状で、筒部
とほぼ同長です。球茎上に子球を作るので親株の
周りに小苗が生えています。

危惧種ランク
★★★
絶滅危惧ⅠA類(CR)

学名
Arisaema ogatae

科・属名
サトイモ科
テンナンショウ属

開花期
5月

分布
大分県、宮崎県、
熊本県

1 花が葉の上にあるため雄株だと考えられる。〔2017年撮影〕
2 花を正面から見たところ。〔2017年撮影〕
3 オガタテンナンショウの群落。たくさんの小株がかたまっ
　て生育していた。〔2015年撮影〕

トキ色のやさしいラン

トキソウ

　比較的冷涼な日当たりの良い湿地に生え、朱鷺色（薄い紅紫色）をしたラン科植物です。根茎が横に這い、所々から地上に茎を立て高さ10〜30cmほどになります。披針形または線状長楕円形の葉を1枚つけます。花は5cmぐらいで、茎頂に横向きに1個つき、3枚の萼片と唇弁は長さ約2.5cmで、残り2枚の花弁は少し短く、唇弁の上に覆いかぶさっています。唇弁は3裂して、肉質の毛状突起が密生しています。環境省のレッドリストでは準絶滅危惧に指定され、府県レベルでは沖縄を除く46都道府県で指定されています。

　トキソウ属にはトキソウの他にヤマトキソウと、2017年に記載されたミヤマトキソウという種があります。ヤマトキソウには環境省の指定がなく、府県レベルで43都道府県の指定があります。ヤマトキソウは日当たりのよい乾いた草地などに生え、茎は高さ10〜20cm。全体にトキソウを小さくしたような形をした地味な種です。花が開かず上を向き、トキソウよりも白い色をしています。京都で見たものは10cmにも満たない小さなもので乾燥した地面に生えていました。岐阜県でトキソウの撮影をしたときは、同じ湿地内に白くて少し小さな花があって、最初、未開花の蕾だろうと思っていたものがヤマトキソウでした。湿地にあるとは考えておらず、こんなに大きくなるとも思っていなかったのでびっくりしました。この湿地にはミヤマアオイという絶滅危惧Ⅱ類に指定されているカンアオイの自生も見られました。

1

1 花のアップ。和名は淡紅紫色の花色が朱鷺（トキ）の羽根の色に似ていることに由来する。〔2017年撮影〕
2 別の角度から見た花と葉。〔2017年撮影〕
3 ヤマトキソウ。トキソウに比べると花が小さく、萼片があまり開かない。この場所に生育していた個体は山地のものに比べて非常に大きかった。〔2017年撮影〕

危惧種ランク
★☆☆☆
準絶滅危惧(NT)

学名
Pogonia japonica

科・属名
ラン科トキソウ属

開花期
5〜7月

分布
日本各地、国外では千島、朝鮮半島、中国、極東ロシア

愛媛県の里山だけに自生する

トキワバイカツツジ

　ツツジ属にはツツジ、サツキ、シャクナゲなど
が含まれ、古くから栽培され多くの園芸品種もあ
り、最もなじみの深い植物の一つでしょう。ツツ
ジ属の植物は62種と29変種が日本に自生してお
り、その中でレッドリストには28が掲載され、属
レベルで見ると4番目に多くなっています。

　トキワバイカツツジは愛媛県の限られた場所に
だけ自生し、1984年に新種記載された植物です。
これほど大きくて目立ち、他とは明らかに違う形
質を持つ植物にしては記載されたのが新しいとい
えるでしょう。高さ2～3mの常緑低木で、若い枝
は紫色を帯び短毛を密生しています。葉はやや革
質で枝先に集まってつきます。上側内面に濃色の
斑点がある淡紅紫色の花をつけ、花径が2～3cm
で5浅裂し皿状に開きます。トキワバイカツツジは
枝の先端が葉芽となって、その下に数個の花芽を
つけ、それぞれの花芽から1個ずつ花が咲きます。
多くのツツジ属植物は先端が花芽になって、腋に
葉芽ができ、枝が伸び出すのでまったく逆の形質
を持つことになり、このような性質を持つものは
日本産のツツジ属植物の中では本種とバイカツツ
ジ、セイシカ類だけです。

　一般的な里山環境に自生するにもかかわらず、
なぜ愛媛県の一部にしか自生しないのか、その分
布の仕方にも興味の惹かれる植物です。

１ こんなに派手な植物が1980年代まで記載されていな
かったというのが本当に不思議な気がする。〔2015年撮
影〕
２ ツツジ類にしては小型の花であるが、淡紅紫色ですっき
りした美しさがある。〔2015年撮影〕
３ 自生地では大きな木の幹回りにネットをめぐらし保護対
策がなされていた。〔2015年撮影〕

危惧種ランク
★★☆
絶滅危惧ⅠB類(EN)
学名
Rhododendron uwaense
科・属名
ツツジ科ツツジ属
開花期
4～5月
分布
四国(愛媛県)

トクシマサイハイラン

派手な見た目の菌従属栄養植物

　花はサイハイランによく似ていますが、光合成をほとんどせず養分の大半を菌から得て生育する菌従属栄養性のランです。本種は未記載種で学名を持たないため、レッドリストではモイワランとして扱われています。しかし信頼できるランの研究者は形態が微妙に異なり、モイワランではなくトクシマサイハイランと呼ぶ方がいいといいます。北海道や東北で見られるのがモイワランで、四国、近畿、中部地方のものはトクシマサイハイランということになるようです。両種とも赤紫色の花をつけ、よく目立つので、このように大きくて派手な植物がこれまで認識されてこなかったのが不思議です。稀に小さな葉を作る個体も含まれ、根茎も地表に出ているところは緑色を帯びています。徳島県の調査で見つかった個体をトクシマサイハイランと呼ぶようになり、よく知られるようになりました。高知県ではムラサキサイハイランと呼ばれていたそうです。高知県立牧野植物園の稲垣典年さんは徳島県境の山で1988年に100株以上の群落を確認されています。

　倒木の近くでよく見つかります。個体数の消長が激しく、高知県の群落は数年後には数株しかなかったそうです。滋賀県でも同様のことが確認されています。群落が安定して存在することはないのかもしれず、出会えればラッキーといったところでしょうか。

1 自生地の様子。他の植物が生えていない常緑カシ林の暗いところに多数の花茎が林立していた。倒木のあるところに多いといわれるが、この場所にも太い枝が落ちていた。滋賀県にて。〔2015年撮影〕

2 花のアップ。花色が赤紫でよく目立つが、形はサイハイランとよく似ている。〔2017年撮影〕

3 この群落の中で1枚だけ長さ10cmぐらいの小さな葉が出ていた。〔2014年撮影〕

4 果実にも葉緑素がある。〔2014年撮影〕

サイハイラン属

危惧種ランク
★★★
絶滅危惧ⅠA類(CR)
学名
Cremastra aff. *aphylla*
科・属名
ラン科サイハイラン属
開花期
5〜6月
分布
本州、四国

3

4

ナゾの多いマメ科植物

トビカズラ属

　日本原産のトビカズラは4本あるといわれ、熊本県菊鹿町相良にある個体はアイラトビカズラと呼ばれ、樹齢1000年を超える国の特別天然記念物に指定されています。2000年以降、長崎県佐世保市のトコイ島や熊本県天草市、福岡県久留米市でも見つかりました。これらは中国から渡来したものと考えられ、なかなか結実しません。一方で四川省から種子で持ち込まれたものはよく花が咲き、種子もできます。日本産のものについて、近年の研究では相良とトコイ島のものは別系統であることがわかり、相良と天草市、トコイ島と久留米のものはクローンである可能性が否定できないということがわかりました。

　本属の絶滅危惧種指定は複雑です。まずトビカズラは環境省の指定はありませんが、熊本県ではIA類に指定されています。ワニグチモダマは環境省で準絶滅危惧に指定され、府県レベルでは東京と沖縄に指定があります。ウジルカンダは環境省の指定がなく、大分県でカマエカズラと呼ばれる個体が県の天然記念物になっていて、Ⅱ類に指定されており、鹿児島県でもⅡ類に指定されています。

　鹿児島県ではワニグチモダマが2010年前後に見つかり、種子が海岸に漂着して分布を広げたのではないかと考えられています。南方の植物が温暖化により進出してきた一例だと思われますが、高知県でも熱帯に多いスナヅルというクスノキ科の寄生植物が2016年に東部の海岸で発見されています。

1 トコイ島のトビカズラの花。〔2017年撮影〕
2 花のアップ。〔2017年撮影〕

九州に数少ない個体が野生する

トビカズラ

危惧種ランク
★☆☆
熊本県で指定
学名
Mucuna semperviren
科・属名
マメ科トビカズラ属
開花期
4〜5月
分布
熊本県、福岡県、長崎県

1
2

トコイ島のトビカズラ〔2017年撮影〕

トコイ島は佐世保市の沖合に広がる九十九島の一つで無人島。常井島とも書き、水が豊富な島という意味らしい。

1 太い幹にたくさんの花房がついていた。

2 森の中一面にツルが這い回り、野性味があふれている。

3 かつては砥石が生産され、人が住んでいたこともある。その名残の砥石が放置され、周りにツルがはびこっている。

4 無人のトコイ島まで船を出してくださった「させぼパール・シー」の皆さん。後ろの谷は一面トビカズラのツルに覆われている。

カマエカズラとワニグチモダマ〔2018年撮影〕

5 大分県の天然記念物「カマエカズラ」(ウジルカンダ)。海岸の斜面一面にツルが伸びていた。一番大きそうな株元を撮影。

6 カマエカズラの葉と案内してくださった志手博さん。

7 奄美大島に自生するワニグチモダマ。海岸のタコノキに絡みついて生育している。

8 前田亜蘭さんが指さしているところが株元で、直径5cm程度の小さな木。近年、種子が海岸に漂着して育ったものと思われる。

ウジルカンダ

危惧種ランク

★☆☆

大分県、鹿児島県
で指定

学名
Mucuna macrocarpa

科・属名
マメ科トビカズラ属

開花期
4〜5月

分布
大分県、鹿児島県、
沖縄県

ワニグチモダマ

危惧種ランク

★☆☆

準絶滅危惧（NT）

学名
Mucuna gigantea

科・属名
マメ科トビカズラ属

開花期
4〜5月

分布
東京都、沖縄県、
鹿児島県

トビカズラ属

5

6

7

8

発見者の名前が和名になった

トラキチラン属

危惧種ランク
★★☆
絶滅危惧IB類(EN)
学名
Epipogium aphyllum
科・属名
ラン科トラキチラン属
開花期
8月下旬
分布
北海道、本州中北部、ユーラシア大陸の冷温帯～亜高山帯

ラン科トラキチラン属の植物は熱帯アフリカ、ユーラシア大陸、オセアニアに分布し、いずれも樹林下の多数の落葉、枯れ枝などがたまったような場所に生えています。葉緑素を持たず菌から栄養をもらって生きる菌従属栄養植物で、地下には塊状や樹枝状になった根茎があり、そこから花茎を出し、まばらな総状花序を形成します。日本にはトラキチラン、アオキランとタシロランの3種が自生しています。トラキチランは1902年に日光の太郎山で神山虎吉さんによって発見されました。アオキランは1904年に日光女峰山で青木信光子爵らによって見つかり、1906年にはタシロランが長崎県諫早市の城山で田代善太郎さんによって発見され、いずれも牧野富太郎博士が発見者の名前を取って命名しました。

トラキチランとアオキランは冷涼な気候を好み、冷温帯～亜高山帯に生えています。トラキチランはヨーロッパから北東アジアにかけて分布し、高さ10～30cmの花茎を出し、まばらに2～8個の花をつけます。唇弁が上方にあって大きく、不思議な形をしています。アオキランは高さ10～20cmの花茎を出し、トラキチランより7～10日ぐらい遅れて4～7個の花が総状につきます。

タシロランは暖地性のランで、高さ20～50cmの花茎を出し、たくさんの白色の花を総状につけます。よく結実し、結実に要する期間も非常に短いことや、種子が飛びぬけて軽いことでラン科植物の中でも分布域の非常に広い種です。

1 花のアップ。子房がねじれず、普通のランの花を逆さまにひっくり返したようにして咲き、唇弁が上にあってよく目立つ。花の形を理解するのに少し頭をひねらなければならない。〔2015年撮影〕
2 花のアップ(正面)。唇弁の形態。〔2015年撮影〕
3 大きな群落にはならず数株ずつ、広い範囲に点々と生えていた。〔2015年撮影〕

唇弁が上にある

トラキチラン

北海道と本州中北部の亜高山帯の針葉樹林内に分布する。花は微褐色で地味だが、よく見ると唇弁の紅紫色の斑紋も目立ち魅力的で、マニア好みのラン。

危惧種ランク
★★★
絶滅危惧ⅠA類(CR)
学名
Epipogium japonicum
科・属名
ラン科トラキチラン属
開花期
8〜9月
分布
本州中北部、台湾、中国南部

本属の中で一番の希少種

アオキラン

日本では本州中北部の冷温帯落葉樹林下にのみ分布し、台湾、中国南西部にも分布している。唇弁は下方にあり広卵形で両面ともに紫の斑点がある。花の色は淡褐色でトラキチランより濃い、というより暗く地味といった方がいいかもしれない。

1 花のアップ。小型で肉厚な花。草丈も低くトラキチランよりかなり地味。〔2014年撮影〕
2 自生地が限られていると聞くが、この時は狭い範囲に200本以上の花茎が確認できた。洪水で土砂が流入して自生地の一部が埋もれてしまっている。〔2014年撮影〕
3 アオキランの草姿。トラキチランより1週間〜10日程度遅れて咲く。〔2014年撮影〕

危惧種ランク
★☆☆☆
準絶滅危惧（NT）
学名
Epipogium roseum
科・属名
ラン科トラキチラン属
開花期
5～7月
分布
本州（関東以西）、四国、九州、琉球、アフリカ、アジア、オセアニア

温暖化で自生地が拡大

タシロラン

アフリカ、アジア、オセアニアの熱帯～亜熱帯の常緑林下に分布し、地球の温暖化に伴って自生地が拡大している。近畿では和歌山、奈良、三重の各県で見られ、関東でも各地で発見されている。京都では京都御苑でたくさん見ることができる。

1 花のアップ。唇弁はツルっとして丸く、赤紫色の斑点が入る。〔2015年撮影〕

2 タシロランの草姿。たくさんの白い花を総状につける。〔2015年撮影〕

3 暗くて他の植物が入り込めないような場所に咲くことが多いが、ここでは日当たりの良い場所にも咲いていた。人里に近いところでも見ることができ、京都では水路にたまった落ち葉の中で咲いていたこともある。〔2015年撮影〕

東海地方固有で大型になるカエデ

ハナノキ

　恵那山麓の限られた地域（岐阜、長野、愛知の県境一帯）と長野県大町市に自生するカエデ属の落葉高木で、シデコブシとともに美濃三河地域に特有な東海丘陵要素の一つとされ、瑞浪市や中津川市の自生地が国の天然記念物に指定されるなど多くの自生地が保護されています。展葉前に赤く小さな花をたくさん咲かせ、樹全体が赤く見えるのでハナノキの名があります。葉は長さ約10cmで浅く掌状に3裂し、秋にはイロハモミジより早い時期に赤く色づき、花と葉と、1年に二度赤くなります。

　果実が6月に熟してしまうことや直径1m、高さ30mの大木に育つことなど、他のカエデ属植物とは異なる特徴を持っています。いずれの自生地も山間の湿地にあり湿地性の植物のように思われますが、湿地でなくてもよく育ちます。岐阜県瑞浪市の山口清重さんは6月に落ちた種子から生えた実生が夏の乾燥に耐えられないので、自生地が湿地にあるのではないかといわれています。また、瑞浪市の天猷寺（テンニュウジ）には用材のすべてにハナノキを用い、天保6年に建立された山門があり、ハナノキ門として知られています。山口さんは瑞浪市釜戸の自生地には地上1mぐらいで切られて株立ちになっている大木がたくさんあるので、ここからハナノキを切り出したのではないかと考えています。

1 岐阜県瑞浪市釜戸の自生地。ご案内いただいた山口清重さんと。〔2012年撮影〕
2 ハナノキの花。京都府立植物園にて2014年3月31日に撮影。
3 ハナノキの紅葉。京都府立植物園にて2014年11月18日に撮影。この年、イロハモミジは11月25日頃が見ごろだった。

危惧種ランク
★☆☆
絶滅危惧II類(VU)

学名
Acer pycnanthum

科・属名
ムクロジ科カエデ属

開花期
3〜4月

分布
岐阜県、長野県、愛知県

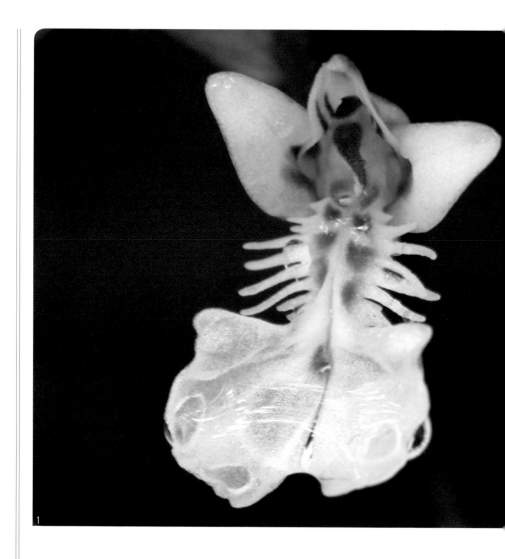

危惧種ランク
★★★
絶滅危惧ⅠA類(CR)
学名
Odontochilus nanlingensis
科・属名
ラン科イナバラン属
開花期
6月
分布
鹿児島県、海外では台湾、中国南部

危惧種ランク
★★★
絶滅危惧ⅠA類(CR)
学名
Anoectochilus formosanum
科・属名
ラン科キバナシュスラン属
開花期
10〜12月
分布
鹿児島、沖縄県

1 ヒメシラヒゲランの花のアップ。縁が櫛の歯状に切れ込んだユニークな唇弁の形がよくわかる。〔2016年撮影〕

2 自生地の様子。前年に訪れたときはかなりの株数が咲いていたが、この年はあまり花を見ることができなかった。年による開花数の変動も大きそう。〔2016年撮影〕

3 ヒメシラヒゲランの名前の元になったキバナシュスラン(別名シラヒゲラン)。服部正策先生が2016年11月19日に奄美大島で撮影。この種も絶滅危惧ⅠA類。

ヒメシラヒゲラン

キバナシュスラン

ヒメシラヒゲランはラン科イナバラン属の地生ランで、奄美大島の標高の高い山岳部の常緑樹林下に自生しています。数カ所で自生が確認されているだけで個体数は全部合わせても100個体にも満たないのではないでしょうか。

写真では非常に魅力的なランに見えますが、実際の大きさは1cmぐらいで、花が咲いてないと見つけるのが難しいほど小さなランです。草丈は10cm以下で下部に2〜3枚の葉をつけ、卵円形で長さは1cm以下です。花は枝先に2〜5個つき白色、背萼片と側萼片は重なり合って兜状になり、唇弁基部には赤い斑点が入り、縁が櫛の歯状に切れ込みます。写真で拡大すると、唇弁の形や色のコントラストが絶妙で、多くの人を惹きつける魅力があります。同じように唇弁の縁が櫛の歯状に切れ込むキバナシュスランというランがあり、そのランはシラヒゲランという別名を持っていて、それに似て小型であるところからヒメシラヒゲランと名付けられました。

台湾の北部にも本種が分布し、2003年に記載されました。日本では1980年代にはその存在が知られていたようなので、もしかすると先に日本で見つかっていたのかもしれません。サガリランやヤドリコケモモと同じく、沖縄を隔てて台湾と奄美に分布する植物の一つで、遺伝的に隔離しているものかどうか興味がもたれます。

これもⅠA類

ヒメハイチゴザサ

危惧種ランク
★★★
絶滅危惧ⅠA類(CR)
学名
Isachne myosotis
科・属名
イネ科チゴザサ属
開花期
9〜10月
分布
鹿児島県、沖縄県

シソバウリクサ

危惧種ランク
★☆☆
鹿児島県など **5県で指定**
学名
Vandellia setulosa
科・属名
アゼナ科 アゼトウガラシ属
開花期
8〜10月
分布
本州、四国、九州

　レッドリストにあるイネ科植物数は65で、科としては5番目に多い数が掲載されています。奄美大島でカミガモソウを撮影した際、服部正策先生が「これも珍しいんだよ」と言って隣にある植物を教えてくださいました。それがハイチゴザサでした。かろうじて葉が写っています。それとシソバウリクサもありました。この植物は鹿児島県のⅠ類に指定されている他、5県で指定されています。

　ヒメハイチゴザサはダイトンチゴザサともいい、東南アジア、インドに分布し、日本では奄美大島と石垣島に記録があります。ハイチゴザサに似て葉に毛が多く、葉身がごく短いことなどが特徴とされる植物です。森の湿地で地を這うように広がっているらしく、生育条件はカミガモソウとぴったりです。

　シソバウリクサも林縁の湿ったところに生え、紀伊半島、四国南部、奄美大島、徳之島と中国に分布します。茎は分枝して地上をはい、分枝して出た枝が直立し、葉と花をつけます。葉は対生し三角状卵形で小さく、細い花茎が葉腋から出て、先端に1個だけ白い花をつけます。花の大きさは6mmぐらいです。図鑑では一年草とされていますが、奄美では多年草のように見えました。

1 カミガモソウ自生地内のヒメハイチゴザサ。カミガモソウの左下にかろうじて写っている。6月17日に撮影。花はない。〔2017年撮影〕
2 シソバウリクサ。6月17日に撮影。花はないが蕾のようなものが少しだけ見える。一年草のようにはちょっと見えない。〔2017年撮影〕
3 ヒメハイチゴザサ(左)とシソバウリクサ(中央)の花のアップ。〔2019年撮影〕

ホシクサ属

ホシクサ属は環境省のレッドリストには25が掲載され、属レベルではテンナンショウ属と並び5番目に多く、都道府県のリストにまで範囲を広げると52が掲載されています。ところが図鑑では23種と4変種が認められるにとどまり、図鑑の種数以上がレッドリストに掲載されているのです。これは地域集団にある微細な差のとらえ方の違いに起因しており、ホシクサの分類が非常に難解であることを物語っています。ホシクサは葉や茎ではなく花で区別しますが、数ミリしかないのでルーペや解剖顕微鏡を使わないと正確な同定ができません。このような事情はカヤツリグサ科スゲ属とも似通っています。

ホシクサ科の植物は世界に10属700～1400種があり、その全貌は明らかではありません。特に南アメリカの熱帯～亜熱帯の地域に多く、温帯地域には少ないので日本がホシクサ科の分布北限になっています。

日本産のホシクサは一種を除き小型の一年草で、湿地に生え、葉は線形でロゼット状につきます。夏から秋に多数の花茎を出し、花茎は分枝せず、先端に球形から半円形の頭状花序をつけます。頭状花序の基部には倒卵形から線状披針形の総苞片があり、突き出してよく目立つ種はイヌノヒゲという名で呼ばれています。

以前はホシクサ類に興味がなく、自生地に連れて行ってもらっても写真も撮らずスルーしていたのですが、よくよく眺めると趣のある植物だと思うようになり最近になって少しだけ写真を撮りました。足りないところは宮崎県高鍋町の脇田洋一さんに写真を提供していただきました。

エダウチシロホシクサ。驚くほど美しい。未記載種だが他の種と異なり茎が株元で分枝するので大株となり非常にたくさんの花をつける。〔2019年撮影〕

川南湿原の守り神、松浦勝次郎さん。

ホシクサの宝庫、川南湿原

　川南湿原は6〜7種のホシクサが自生し、ヒュウガホシクサやエダウチシロホシクサのようにここだけにしか見られない種もある貴重な湿原です。ホシクサ以外にも8種の食虫植物をはじめとして約300種の植物が自生しています。昭和49年に国指定天然記念物に指定されましたが、平成元年頃には水面が見えなくなるほど富栄養化が進んだため、平成7年度から整備を行い湿原環境が改善され、さまざまな湿原植物の増殖および復活が確認されています。

　川南町文化財保護審議会委員長の松浦勝次郎さんはこの湿原の維持管理を日々地道に続け、湿原の植物の動向にも精通し、新しい植物も見つけられています。まさに湿原の守り神といってもいいでしょう。

絶滅が心配

アマノホシクサ

1956年に沖縄県大宜味村で天野鉄夫氏によって採られた標本をもとに記載されたホシクサで、クロホシクサやゴマシオホシクサと非常によく似ています。分類学的な検討が必要であるとされ、最新の図鑑ではクロホシクサに含めて考えられています。

クロホシクサと形態的に区別できないが、頭花の色が灰白色である点だけが異なると書かれたり、花床が有毛であることはクロホシクサに、雄花の萼が中部まで3裂することはゴマシオホシクサに似ているが、総苞片は円形で淡黄褐色、雌花の花弁が線形になるもの、と書かれたりしています。

鹿児島、宮崎、沖縄の3県から自生の報告があり、いずれの県でも絶滅危惧Ⅰ類に指定されており、絶滅が心配される植物です。自生地の保護は重要だが、ヒュウガホシクサの例を見ていると、現状を守ることだけが保護とも言い切れない気がしてきます。

危惧種ランク
★★★
絶滅危惧ⅠA類(CR)

学名
Eriocaulon amanoanum

科・属名
ホシクサ科ホシクサ属

開花期
9〜10月

分布
九州(鹿児島、宮崎、沖縄)

2015年に鹿児島県の自生地で撮影。新燃岳の噴火灰が降り積もって激減し、壊滅状態らしい。埋土種子で再生することを期待したい。(宮崎県在住、脇田洋一さん撮影)

小型だがハンサム

クロホシクサ

危惧種ランク

★☆☆

絶滅危惧Ⅱ類（VU）

学名
Eriocaulon parvum

科・属名
ホシクサ科ホシクサ属

開花期
8〜10月

分布
本州〜九州、朝鮮半島

葉はロゼット状につき、線形で長さ2〜10cmになり、花茎は高さ5〜20cmになります。頭花はややねじれた花茎の先につき、球形、藍黒色で径4〜5mm、雄花、雌花の先端部分や花苞にはいずれも短い白色棍棒状毛が生えています。

雄花は長さ約1.5mmで萼が合着して先は浅く3裂し、花弁3個は上部を残して筒状に合着します。雌花は長さ約1.8mmと少し大きく、萼片は3個で離生し、花弁も3個で離生し、先は凹まないと図鑑に書かれていますが、普通に見ただけではわかりません。私の印象は植物体がまっすぐな線でできていて、無駄なく整って美しいこと、花の藍黒色と白い毛のバランスが非常に美しいことです。

水田周辺やため池、湿地などに生育するため、除草剤の使用や圃場整備、溜池の改修工事などで急激に減少しています。そのことに気づいてもらえない類だと思いますが、大事に残したい植物です。

宮崎県にある谷あいの水田跡地で撮影。ゴマシオホシクサに混じって頭花の黒い株がポツポツと自生していた。〔2019年撮影〕

岐阜県のため池のまわりに生育していたものを撮影。〔2014年撮影〕

危惧種ランク
★☆☆
絶滅危惧Ⅱ類(VU)
学名
Eriocaulon nudicuspe
科・属名
ホシクサ科ホシクサ属
開花期
8月下旬～10月
分布
本州
(静岡県・愛知県・岐阜県・三重県)

ホシクサ界のスター

シラタマホシクサ

　ホシクサの中では一番よく知られた種でしょう。大きくなると葉が20cm、花茎は40cmほどになり見栄えのする植物です。漢字で書くと「白玉星草」で、直径1cm程の小さな花序に、白色の短毛が密生して白い玉のように見えるからだそうです。「干し草」ではありません。

　秋に花茎が数本伸びて先端に1つの頭花をつけます。頭花はほぼ球形で白い毛がたくさん生えています。頭花は多数の小花で構成され、雄花と雌花があります。雄花には黒くて丸い葯（やく）が6個つき、よく見ると白い花の間にポツポツと黒い点が見えます。

　東海地方の一部地域の湿地などに自生していますが、都市開発によって湿地がなくなったこと、水田の整備が進んで乾田化し生育に適した湿地が作られなくなったこと、湿地が乾燥化し植生の遷移が進んだことなどが減少の原因として考えられています。

クロホシクサに似るが花の形が異なる

ツクシクロイヌノヒゲ

　湿地に生える一年草で、葉は長さ10〜18cm、幅3〜6mmになります。花茎は高さ20cm以上にもなり、頭花は倒円錐形で径4〜5mm。総苞片は長楕円形で鈍頭で頭花より少し短く花床は無毛です。

　雄花、雌花ともに萼は仏炎苞状に合着し黒色で無毛。花弁にも毛はなく上部の3裂片の内部に黒腺があります。雄花の葯も円形で黒色をしていて全体的に花の色は黒く見えます。

　本州から九州にかけて幅広く分布しますが、多くの県でレッドリストに記載されています。

危惧種ランク		
★☆☆		
絶滅危惧Ⅱ類(VU) 18の県で指定		
学名		
Eriocaulon kiusianum		
科・属名		
ホシクサ科ホシクサ属		
開花期		
9〜10月		
分布		
本州〜九州、韓国		

川南湿原で撮影。個体によっては水中に没して花茎だけを長く伸ばしているものも見られた。〔2019年撮影〕

総苞片の先端が芒状に長くとがるところが独特。〔2019年撮影〕

危惧種ランク
★★★
絶滅危惧ⅠA類(CR)

学名
Eriocaulon seticuspe
科・属名
ホシクサ科ホシクサ属
開花期
9〜10月
分布
宮崎県、台湾、中国、東南アジア

50年ぶりに復活

ヒュウガホシクサ

　ヒュウガホシクサは宮崎県の川南湿原で発見され、1954年に記載されたが、自生地の植生遷移が進んで約50年前に絶滅が確認されていました。それが2008年に自生しているのが見つかり、環境省のレッドリスト2017で絶滅から絶滅危惧ⅠA類に見直されました。湿原の維持管理作業によって、50年以上土中で休眠していた種子が地表に出て発芽、再生したと考えられています。奄美でも1955年に確認されて以来見つかっていなかったカミガモソウが、イノシシが湿地の土を掘り返したことにより突如出現したという事例もあります。

　ヒュウガホシクサは草丈10cm前後で緑がかった小さな花をつけ、雌花には花弁がなく、総苞片は卵形、灰白色、質がやや厚く、先端部が芒状に長くとがるのが特徴で、他のホシクサとは違うユニークな種です。

学名のないイヌノヒゲ

ホウキボシイヌノヒゲ

1990年に南谷忠志さんによって発見され、ホウキボシイヌノヒゲと名付けられたが、正式には発表されず、学名を持っていません。そのため環境省のレッドリストには掲載されていないが、宮崎県のリストで絶滅危惧Ⅰ類に指定されています。

宮崎県内の2カ所の湿地だけで確認されています。イヌノヒゲによく似ているが、花序の基部に長さ7〜30mmの長い苞がついているのが特徴で、他のホシクサとは簡単に区別できます。この苞は国産ホシクサの中では最も長く、花を彗星に見立てて、ホウキボシと名付けられたそうです。

イヌノヒゲという種は総苞片の長さや形態および白色の短毛の量などに変異が多く、種内にたくさんの分類群を持ちます。本種がどのような位置づけになるのかわかりませんが、このようにはっきりした特徴を持つ分類群は他とは区別して保全した方がいいように思われます。

危惧種ランク
★☆☆
宮崎県で指定

学名
Eriocaulon sp.

科・属名
ホシクサ科ホシクサ属

開花期
9〜10月

分布
宮崎県

長い苞が印象的で美しく、他のホシクサとは違うことがよくわかる。2018年以降個体数が激減している。一年草は個体数の年次変動があるので油断できない。〔2019年撮影〕

1

花時しか存在に気づかない

ホテイラン

危惧種ランク
★★☆
絶滅危惧IB類(EN)
学名
Calypso bulbosa var. *speciosa*
科・属名
ラン科ホテイラン属
開花期
5〜6月
分布
本州中部の亜高山帯

　ホテイランは本州中部の亜高山帯の針葉樹林下に生える小型の地生ランです。日本に自生するラン科植物の中ではアツモリソウ類と並んで最も美しいものの一つではないでしょうか。若い頃は本物を見ることができるとは夢にも思ってなかったのですが、たくさんの知り合いの協力を得て出会うことができました。ちなみにその頃、アツモリソウは山歩きの途中で見かけました。今の状況とはまったく逆ですね。

　ホテイランの和名は袋状の唇弁の形を七福神の布袋（ほてい）に見立てたものです。夏は休眠し、秋に球茎から4〜5cmほどの葉を1枚出して越冬します。春に10cmほどの花茎を伸ばして先端に直径3cmほどの花を1個つけます。唇弁には2本の距（きょ）があり、唇弁の下に突き出て見えます。距が短く下に突き出ないものをヒメホテイランと呼び、北海道や青森に自生し、変種として区別されます。

　ホテイランは北極を取り囲むようにして冷涼な地域に広く分布しています。写真で見ると海外のものは数株が群生して咲いていますが、日本のは個々に点在しており、ちょっとイメージが違います。一度だけ全部の色素が抜け落ちた純白の個体を見たことがあります。洪水で流されてしまい、翌年は見ることができませんでした。花をシカに食べられた個体も見かけますが、短命な多年草だけに種子で世代交代できなくなるのは心配です。

1 小型だが非常に魅力的。愛好家にとって一度は見てみたいランの一つではないだろうか。〔2007年撮影〕
2 白花（素心）個体。残念ながら洪水によって流され、一度見ただけに終わった。〔2006年撮影〕
3 白花ホテイランと呼ばれる個体。いわゆる酔白花で、もともと色素が薄いのか、花の終わりかけで色が抜けたのかよくわからない。〔2007年撮影〕

危惧種ランク	危惧種ランク
★★★	★☆☆
絶滅危惧ⅠA類(CR)	準絶滅危惧(NT)
学名	**学名**
Entada tonkinensis	*Entada phaseoloides*
科・属名	**科・属名**
マメ科モダマ属	マメ科モダマ属
開花期	**開花期**
3〜8月	3〜8月
分布	**分布**
鹿児島	沖縄県

モダマ　　　　コウシュンモダマ

世界で一番大きなマメ

　モダマ類はアフリカからアジアにかけて熱帯と亜熱帯の海岸近くに見られるマメ科の大型のつる性常緑木本です。幹の直径が30cmもあるような大きなものもあるといわれています。日本では屋久島から琉球にかけて分布し、すべて同種と考えられていましたが、DNAの解析によって2種あることがわかりました。屋久島と奄美大島のものをモダマと呼び、石垣島、西表島のものはコウシュンモダマと呼びます。鞘（さや）と豆の大きさや形に違いがあり、コウシュンモダマの方が少し小さめです。和名は「藻玉」の意で、海藻に混じって波打ち際に種子が漂着するところからつけられました。モダマの種子は海水に浮かぶことができ、海流に乗って分布を広げています。モダマのあるところまでかつては海だったと考えられます。

　モダマは世界一大きい豆ともいわれ、鞘が長さ1m以上になり熟すと木質化して堅くなります。中の豆は扁平な円形で直径は5cm、茶色で光沢があり硬いため、民芸品として人気があり海外から持ち込まれているのを見かけます。

　花は大きな果実からは想像できないほど小さく、5mmぐらいのクリーム色の花が穂状にたくさんつき、ブラシのように見えます。株が相当大きくならないと花をつけないので温室内で花を見ることは少ないですが、京都府立植物園では何度か咲いたことがありました。

1 奄美大島のモダマ。海から約1km、標高30mのところにモダマがあるのでここまで海だったことになる。1本だけというが、谷一つ覆うぐらい広範囲に広がっている。〔2010年撮影〕
2 モダマの花。前田芳之さん宅の生け垣に咲いていたものを撮影。〔2001年撮影〕
3 西表島で撮影したモダマのツル。道路沿いの川沿いで撮影。コウシュンモダマと思われる。〔2016年撮影〕

ヒメとは言わせない迫力

ヤクシマヒメアリドオシラン

地生の多年草で暖温帯の林下に生えています。茎の下部は地表近くを横にはっていて、節から出る根は退化して突起状となっています。養分の多くを菌から受け取っていることをうかがわせる形態ですが、詳細なことはわかりません。

茎の上部は立ち上がって葉と花をつけます。高さは10cmまでで、下の方に長さ約2cm、幅約1cmの小さな葉を3〜5枚まばらにつけ、暗緑色で卵形をしています。

花の各パーツはそれぞれ5mm以下で、全体でも花径は10mm前後ぐらいにしかならない小さな花1〜4個を総状につけます。その中で唇弁には白色で先端が2裂したよく目立つ裂片があり、この花の色として認識されます。

和名は屋久島で発見され、アリドオシランに似ていることに由来しますが、ヒメアリドオシランというほど小さくはなく、むしろアリドオシランよりは大きく目立つように思います。

あまり特徴のない地味なこのランを取り上げたのは奄美大島で撮影した写真を見てほしかったからです。上記の解説とはずいぶん印象が違うと思います。沢沿いの土砂が堆積した平らな場所に大きな株立ちとなった塊が点々とあり、これまで見てきたものとはまったく違う迫力があって驚きました。

1 このような大きな株立ちはとても珍しい。同様の株が数株あった。〔2017年撮影〕
2 花のアップ。先端が2裂して白い唇弁がよく目立つ。〔2017年撮影〕
3 他の場所で撮影したもの。何カ所かでこのような姿を見かけた。〔2015年撮影〕

富士山周辺の個体が面白い

ヤシャビシャク

落葉低木でよく分枝し、高さは50cmぐらいになるスグリ属唯一の着生種。ブナなどの温帯林の老木に着生しています。葉は互生して短枝の先にかたまってつき、長さ1〜3cmで、短毛を密生した葉柄があり、葉身は直径5cmぐらいの腎円形、または円みをおびた五角形で掌状に3〜5浅裂し、両面に短毛があります。各短枝の先端に直径1cmぐらいの花を1〜2個ずつつけます。淡緑色の花弁が5枚あるように見えるのは萼の裂片で、よく見ると同じ色をしたへら形の小さな花弁が萼筒の先についているのがわかります。果実は球形または卵球形の液果で長さ7〜12mm。表面全体に針状の毛があり、秋に緑色に熟します。

他の木に着生しているので太い根が横に伸び、幹は分枝して背が高くならないところから盆栽に仕立てやすく、たくさんの株が出回っていたことがあります。青森から鹿児島まで広範囲に自生しているものの、ほとんどの県で絶滅危惧種の指定を受けています。高木に着生するので見つけにくいのかもしれませんが個体数は少なそうです。詳細に調査をすると、富士山周辺の個体には萼に紅色のさすものがあり、遺伝的にも他の地域とは異なる貴重な個体群だと考えられます。

危惧種ランク
★☆☆
準絶滅危惧(NT)
学名
Ribes ambiguum
科・属名
スグリ科スグリ属
開花期
4〜5月
分布
本州、四国、九州

4

1 ヤシャビシャク(芦生)。普通は高いところにあるので撮影しにくいが、台風で倒れた木に着生していたので間近で撮影できた。〔2019年撮影〕
2 ヤシャビシャクの実生(芦生)。親株の近くにあった実生個体。〔2019年撮影〕
3 ヤシャビシャクの花(カガマシ山)。京都大学の阪口翔太先生撮影。〔2016年撮影〕
4 ヤシャビシャクの花(富士山)。萼裂片の縁が赤い。京都大学の阪口翔太先生撮影。〔2019年撮影〕

危惧種ランク
★★★
絶滅危惧ⅠA類(CR)

学名
Vaccinium amamianum

科・属名
ツツジ科スノキ属

開花期
5月

分布
鹿児島県

個体数が少なく自生環境が不安定

ヤドリコケモモ

　国内に自生するスノキ属の中で唯一の着生種です。着生性のコケモモという意味でヤドリコケモモと呼ばれています。古い大木の高いところに着生し、高さ20〜60cmになる常緑低木で、茎の下部は大きなこぶ状の貯水器官があります。厚い革質の葉は長さ3cmぐらいで、5月頃に葉腋から短い総状花序を伸ばし、数個の花をつけます。花はコケモモやブルーベリーと同じ釣鐘型の白花で、液果は紫黒色に熟し、少し甘いです。

　奄美大島にごく少数が生育しています。個体数が少ないのは着生している古木が伐採や台風などで倒れた時、一緒になくなってしまうからでしょう。以前知られていた森で自生が確認できず絶滅が心配されましたが、最近別の森で見つかっています。皮肉にも2018年秋の台風被害で大量の木が倒れ、予想以上にヤドリコケモモが生育していたことがわかりました。倒れた木に着生している株は放置すると枯れてしまいますが、国内希少野生動植物種なので簡単には持ち出せません。迅速な対応が求められます。ヤドリコケモモ自体は丈夫で挿し木が容易にでき、採り播きすると種子もよく発芽します。保全には古い大木を守ることが一番ですが、現存する個体が消えないよう穂木を採取して生育域外で栽培することも有効な手段ではないかと思います。

台風によって倒れた大木に着生するヤドリコケモモ。服部正策先生にご案内いただき撮影した。
1 倒木上のヤドリコケモモ。〔2018年撮影〕
2 株元のアップ。びっくりするぐらい大きな個体で、幹の直径が3cm以上あった。こぶ状の貯水根も確認できる。こんなに大きな株が枯れていくのは残念としか言いようがない。〔2018年撮影〕

台風被害を受けた自生地の様子〔2018年撮影〕

1 台風によって倒れた大木。二股に分かれたあた
りにヤドリコケモモが着生していた。

2 立木上のヤドリコケモモ。少しわかりづらいが、幹
の下部左側に着生。

3 ヤドリコケモモの貯水根。着生木の幹にたくさん
の球状の貯水根が見られる。

4 倒木上のヤドリコケモモ。ほとんど枯れてしまって
葉が少し残っているだけ。おそらく前年の台風に
よって倒れたものと思われる。

5 ヤドリコケモモの花。スノキ属の植物であることがよくわかる。〔2017年撮影〕

6 ヤドリコケモモの果実。〔2017年撮影〕

古い自生地の株

7 2000年12月、初めて奄美大島に行った時に撮影。台風で倒れた大木の幹に着生していた。この木には1mを超えるようなキバナノセッコクもついており、驚いた。

8 2001年に撮影。立木に着生していた。この自生地のヤドリコケモモはすでに消えたと聞く。着生木が倒れるとヤドリコケモモも運命を共にする。若い木に着生しているのを見たことがない。

里に近い小さな沢にIA類が3種も生育

ワダツミノキ

危惧種ランク
★★★
絶滅危惧ⅠA類(CR)

学名
Nothapodytes amamianus

科・属名
クロタキカズラ科
クサミズキ属

開花期
4〜5月

分布
鹿児島県

　海岸近くの山林に生える小高木で、高さ10mになります。奄美大島に固有の植物で、2004年に新種記載されました。自生地が海の近くにあることや、奄美大島瀬戸内町出身の元ちとせさんのヒット曲にちなんで「ワダツミノキ」と名付けられました。葉身は薄い革質の長楕円形で長さ約20cm。多数の花が枝先にかたまってつき、塊になります。花は両性で花弁は5枚あり白色。軟毛が密にあり、綿毛に包まれたように見えます。

　海抜50mぐらいで、里に近い何の変哲もない小さな沢に2本生えており、近くにも道路沿いに生育地があります。この沢沿いにはアマミカジカエデ（IA類）やヒロハタマミズキ（IA類）も生えています。アマミカジカエデは2000年に記載された樹高4mほどの落葉高木で、葉柄や葉身にほとんど毛がなく、果実にも毛が少ないことがカジカエデとの区別点になります。タイプ標本は金作原で採られていますが、前田芳之さんはこの場所でしか見たことないといわれます。現地では種子の発芽がよくないようです。ヒロハタマミズキは落葉性で、葉は柔らかく、楕円形をしています。雌雄異株で、白く小さな花を前年枝の先に新葉に混じって10個ほどつけます。果実は径1cmの球形で、黒紫色に熟します。

1 6月に撮影した開花直後のワダツミノキ。この場所には2本あって、この木はほとんど結実しない。もう一本の木はよく結実するため、前田さんは雄木だとおっしゃっていた。図鑑で確認すると両性花とあるので、個体の性質だと思われる。〔2017年撮影〕
2 ワダツミノキの果実。〔2019年撮影〕

危惧種ランク
★★★
絶滅危惧IA類(CR)

アマミカジカエデ

学名
Acer amamiense
科・属名
ムクロジ科カエデ属
開花期
4月
分布
鹿児島県

1 アマミカジカエデの果実。〔2018年撮影〕
2 アマミカジカエデの葉。〔2018年撮影〕
3 アマミカジカエデ(左)とカジカエデ(右)の葉の比較。カジカエ
　デは葉身と葉柄に短軟毛が密生し、葉が緑白色。アマミカジ
　カエデは葉身、葉柄にも毛がなく、緑色で照葉。葉身の付け
　根には長軟毛が密生する。葉裏の葉脈上にも散生する。

ヒロハタマミズキ

危惧種ランク

★★★

絶滅危惧ⅠA類(CR)

学名
Ilex macrocarpa

科・属名
モチノキ科モチノキ属

開花期
4～5月

分布
鹿児島県

1 ヒロハタマミズキの花(雄)。前年枝の先端に新葉に混じって10個ほどの小さな花がつく。〔2018年撮影〕
2 幼果。直径1cmの球形で、黒紫色に熟す。〔2012年撮影〕

日本と大陸の橋渡し

対馬の植物

　対馬は南北82km、東西18kmの細長い島で、博多まで138kmあるのに対し、韓国の釜山までは約50kmしかなく、博多より韓国の方が近いところに位置しています。山林が89%を占め、木本類300種、草本類約800種、シダ類130種の計1200種余りの植物が自生しています。植物相の基盤をなすのは南日本系の暖帯林ですが、シナノキ、ハウチワカエデのように北方から南下した植物もみられます。約10万年前までは大陸と陸続きで、多くの動植物が対馬を通って日本本土の方に移動したといわれ、ハクウンキスゲ、タンナチョウセンヤマツツジのように近縁種が朝鮮半島や大陸に見られるものや、シマトウヒレン、ツシマギボウシのような固有種もあります。ツシマヒョウタンボクやチョウセンキハギなどツシマやチョウセンの名を持つ植物が多いことからもわかるように日本の植物相の中で特異な地位を占め、日本産植物の起源を知る上で重要な地域であると考えられています。

　ところが近年、シカの増加が著しく、推定では3万3000頭が生育しているとされ、林床植生の衰退が目立ち、林床が掃き清められたようになっているのです。このような対馬の現状について、対馬の希少種が絶滅する前に、植物園で系統保存しようということになり、京都府立植物園と対馬市は連携協定を結んで希少種の保護・増殖に取り組んでいます。

1 美津島町吹崎の落葉樹の林床。3月16日に撮影したので植物の芽吹きには少し早い時期ではあったが、それにしても本当に何もないことに驚いた。表土の流亡により根が露出している。〔2017年撮影〕

2 上対馬町にあるヒトツバタゴの自生地。大陸系の植物で、対馬と中部地方の一部に自生する。撮影：國分英俊さん。〔2008年撮影〕

3 白嶽頂上からの風景。〔2018年撮影〕

実態がナゾに包まれた種

ツシマニオイシュンラン

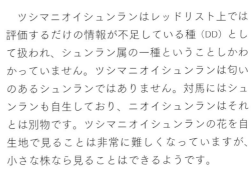

ツシマニオイシュンランはレッドリスト上では評価するだけの情報が不足している種（DD）として扱われ、シュンラン属の一種ということしかわかっていません。ツシマニオイシュンランは匂いのあるシュンランではありません。対馬にはシュンランも自生しており、ニオイシュンランはそれとは別物です。ツシマニオイシュンランの花を自生地で見ることは非常に難しくなっていますが、小さな株なら見ることはできるようです。

対馬のラン愛好家、桟原健夫（さじきばら・やすぉ）さんによるとツシマニオイシュンランの特徴は次のとおりです。カンラン同様、下島だけに自生し、14〜15カ所で坪を形成し、まとまって生えています。一茎に2〜3の花をつけることもあり、花色もさまざまで、よい香りがします。地下部にはショウガ根があり下に向かって伸び、葉はアーチ状で葉先が横を向いています。このような特徴から対馬の人々はカンランとシュンランの交雑種ではないかと考えています。見た目ではシュンランと同じには思えませんが、専門家によると大陸系のシュンランに含まれるといいます。

マルバオウセイも情報不足にあげられています。ナルコユリの変種として小石川植物園の栽培株に基づいて記載されました。國分英俊先生は対馬にも自生があり、地上部の形態はナルコユリと区別がつきませんが、根茎の形態が違うといわれていました。

危惧種ランク
☆★☆
情報不足（DD）
学名
Cymbidium sp.
科・属名
ラン科シュンラン属
開花期
3〜4月
分布
長崎県

1 対馬での栽培株、一茎に2花がつき、赤褐色の筋が入る。花弁、萼片がクネクネしてシュンランとはずいぶん印象が異なる。〔2017年撮影〕

2 ツシマニオイシュンランの自生。桟原健夫さんにご案内いただいた。同所にシュンランもあったが、葉を見て両種を区別されていた。山で開花株を見ることはなくなったという。〔2018年撮影〕

3 対馬に自生するシュンラン。全島にポツポツと自生があるが、以前に比べるとずいぶん減ったようだ。これは京都にあるシュンランと同じに見える。〔2015年撮影〕

対馬にはたくさんある

ムジナノカミソリ

危惧種ランク
★★★
野生絶滅（EW）

学名
Lycoris sanguinea
var. koreana

科・属名
ヒガンバナ科
ヒガンバナ属

開花期
7月

分布
長崎県、宮崎県、
朝鮮半島

　環境省のレッドリストを見たらムジナノカミソリが野生絶滅になっていて驚いています。宮崎県の自生地がなくなって野生では絶滅したという扱いのようですが、長崎県は絶滅危惧Ⅰ類にしており、混乱があります。

　ムジナノカミソリは朝鮮半島から対馬にかけて分布する大陸系の植物で、対馬にはたくさん自生しています。キツネノカミソリの変種で、キツネノカミソリに比べて開花が1カ月ほど早く、花びらが反り返っておしべ、めしべが外に突き出て見えること、キツネは春に葉が出るがムジナは冬に出ることなどにより区別されています。この2種の他にオオキツネノカミソリという変種もあって、花を正確に観察し、生育サイクルをちゃんと理解しないとなかなか区別が難しいです。

　ナガバサンショウソウという植物もムジナノカミソリと同様、対馬と宮崎県に自生があります。このような分布の仕方にはどんな意味があるのか興味がわきます。

ムジナノカミソリの群生。写真は対馬の國分英俊先生のもの。生前にさまざまな写真のコピーを譲っていただいた。
〔2008年撮影〕

超のつく珍品

ツシマラン

絶滅危惧ではなく絶滅した植物です。1999年に撮影されて以来見つかっていません。もちろん筆者も見たことがありません。それでも取り上げたのは、対馬の植物の中で最も貴重な植物ではないかと思ったことと、國分英俊先生にとっても強い思い入れのあった植物だろうと想像したからです。國分先生は対馬で撮影された多くの写真データを惜しげもなく譲ってくださいました。対馬の植物を扱うときには大変貴重な資料です。そのような経緯で先生の写真を使わせていただきます。

ツシマランは光合成をしない菌従属栄養性のランです。厳原町のシイ、イスノキなどが生え、やや日が射し込むような原生林で國分先生らによって1976年に発見されました。9月中旬に姿を現し、10月に開花、全体が赤褐色をして高さ15cm、3〜10個の花をつけていたそうです。

イナバラン属の植物は日本に4種が自生し、いずれもレッドリストに掲載される珍しい小型の地生ランで、ツシマラン以外は普通葉を持っています。

危惧種ランク
★★★
絶滅（EX）
学名
Lonicera fragrantissima
科・属名
ラン科イナバラン属
開花期
10月中旬
分布
対馬、中国南部〜インドシナに分布

最近、再び探しに行ったが環境が変わっていて見つからなかったと聞いた。〔1999年撮影〕

秋から春にポツポツと咲く

ツシマヒョウタンボク

危惧種ランク
★★☆
絶滅危惧ⅠB類(EN)

学名
Lonicera fragrantissima
科・属名
スイカズラ科スイカズラ属
開花期
秋〜春
分布
対馬、朝鮮半島、中国

　和名に「ツシマ」と付く植物の一つで、済州島を含む朝鮮半島に分布し、中国北部（山東半島）にも記録があります。日本では対馬にだけにある2mほどの落葉低木です。

　11月22日に上対馬の海岸付近で撮影しましたが、花は秋に葉が落葉してから春まで次々と咲いていきます。3月17日に撮影したときも一斉に咲いて花盛りという感じはなく、葉に先立って咲いており枯れ木に花という感じでした。スイカズラ属でこのような咲き方をする種は少ないです。

　花は2花が対になって咲き、白花。合弁花で先が5裂して5枚の花弁があるように見えます。花の直径は約1cmで、花筒は5mmぐらい。おしべ、めしべが花筒から突き出ています。直径10mmの液果を作り、5月頃に熟すといわれます。

白い花が2つ、対になって咲いている。花弁にややピンクがさしている。花数が少なく地味で目立たない。〔2017年撮影〕

対馬で発見された

タマムラサキ

　環境省の指定はありませんが、関東以南の4県で指定があります。対馬がタイプ産地になっていることもあって取り上げました。

　対馬にはかなりの数の自生があります。海岸付近の岩礫地や草地に生える多年草です。ヤマラッキョウの葉はいわゆるネギの葉で断面が丸くて中が中空ですが、本種はニラのように扁平になります。晩秋に紅紫色の花が花茎の頂に多数球状につきます。花も葉も全体がヤマラッキョウより大型にできていて、特に対馬産の個体は多産地に比べても大型になるように感じられます。対馬の公園がタイプ産地だと聞きましたが、草刈がされて満足に育っていません。かろうじて法面に残っているのを見つけました。ラッキョウに限らず、秋咲きの植物は夏に草刈りをされると花が咲かせられなくなって種の維持ができなくなります。草刈の方法を工夫して種子が散布できるようしたいものです。

危惧種ランク

★☆☆

**4県でⅠ類または
Ⅱ類に指定**

学名
Allium pseudojaponicum

科・属名
ヒガンバナ科ネギ属

開花期
9〜12月

分布
対馬、本州、四国、
九州、朝鮮半島

海岸の岩場にアオノイワレンゲなどと一緒に咲いていた。
〔2018年撮影〕

対馬だけにある派手な花

オオチョウジガマズミ

危惧種ランク
★★☆
絶滅危惧ⅠB類(EN)

学名
Viburnum carlesii var. *carlesii*
科・属名
ガマズミ科ガマズミ属
開花期
4〜5月
分布
対馬、朝鮮半島

　朝鮮半島から対馬にかけて分布する大陸系の植物です。対馬海峡を渡るとチョウジガマズミとなり、本州、四国、九州に分布しています。両種は変種の関係にあり、オオチョウジガマズミの方が1つの花房につく花の数が多く、かなり派手な印象を受けます。

　3mほどの落葉低木で海岸や低山の日当りのよい林縁や崖に生えています。春に芽を吹き、新葉を展開した後、枝先に直径1.5cmぐらいの白い花を密につけ、5cmほどの半球状の花房になります。つぼみの時は赤紫色をしていますが、花弁の内側は白いので開くと白色になります。強い芳香があり、庭園用の花木としても人気があります。開花後直径が1cmほどの果実をつけ、赤色を経て黒く熟します。

白い花が密に集まって半球状に咲く様子は整っていて美しい。〔2015年撮影〕

ユニークな花形

アツバタツナミソウ

　コナラ、アベマキの林内や林縁、道路脇などに見られる多年草。それほど珍しい植物ではなかったのですが、シカの食害や道路工事などによって個体数が減少しています。

　タツナミソウに似ていますが、名前の通り葉が厚く、上面の葉脈がくぼんで葉にしわができ、よく目立ちます。株の高さは20cmぐらいになり、花冠は長さが20mmほどあり、基部で急に曲がって立ち上がり、筒状の花びらの先が上下の2片に分かれ、唇のような形になったシソ科特有の唇形花となります。上部の葉腋と茎頂に1〜数個の花序を作って穂状に咲く様子が波頭のように見えることでタツナミソウの名が付けられました。

　朝鮮半島から対馬にかけて分布し、中国地方の西部にも自生しています。学名には対馬産を意味する種小名が付けられています。

危惧種ランク

★☆☆☆
準絶滅危惧(NT)

学名
Scutellaria tsusimensis

科・属名
シソ科タツナミソウ属

開花期
4〜6月

分布
対馬、中国地方西部、
朝鮮半島南部

すべての花が同じ方向を向いて咲く様子は美しい。撮影は4月だったので開いた花は少なかった。〔2015年撮影〕

絶滅(EX)

イオウジマハナヤスリ	*Ophioglossum parvifolium*
イシガキイトテンツキ	*Fimbristylis pauciflora*
ウスバシダモドキ	*Tectaria dissecta*
オオイワヒメワラビ	*Hypolepis tenuifolia*
オオミコゴメグサ	*Euphrasia insignis* subsp. *insignis* var. *omiensis*
カラクサキンポウゲ	*Ranunculus gmelinii*
キリシマタヌキノショクダイ	*Thismia tuberculata*
クモイコゴメグサ	*Euphrasia multifolia* var. *kirisimana*
コウヨウザンカズラ	*Lycopodium cunninghamioides*
サガミメドハギ	*Lespedeza hisauchii*
ジンヤクラン	*Renanthera labrosa*
ソロハギ	*Flemingia strobilifera*
タイワンアオイラン	*Acanthephippium striatum*
タカネハナワラビ	*Botrychium boreale*
タカノホシクサ	*Eriocaulon cauliferum*
タチガヤツリ	*Cyperus diaphanus*
チャイロテンツキ	*Fimbristylis leptoclada* var. *takamineana*
ツクシアキツルイチゴ	*Rubus hatsushimae*
ツクシサカネラン	*Neottia kiusiana*
ツシマラン	*Odontochilus poilanei*
トヨシマアザミ	*Cirsium toyoshimae*
ヒトツバノキシノブ	*Pyrrosia angustissima*
ヒメソクシンラン	*Aletris makiyataroi*
ホクトガヤツリ	*Cyperus procerus*
ホソバノキミズ	*Elatostema lineolatum* var. *majus*
マツラコゴメグサ	*Euphrasia insignis* subsp. *insignis* var. *pubigera*
ミドリシャクジョウ	*Burmannia coelestris*
ムニンキヌラン	*Zeuxine boninensis*

野生絶滅(EW)

オリヅルスミレ	*Viola stoloniflora*
キノエササラン	*Liparis uchiyamae*
コシガヤホシクサ	*Eriocaulon heleocharioides*
コバヤシカナワラビ	*Arachniodes yasu-inouei* var. *angustipinnula*
コブシモドキ	*Magnolia pseudokobus*
シビイタチシダ	*Dryopteris shibipedis*
ツクシカイドウ	*Malus hupehensis*
ナルトオウギ	*Astragalus sikokianus*
ハイミミガタシダ	*Thelypteris aurita*
ムジナノカミソリ	*Lycoris sanguinea* var. *koreana*

リュウキュウベンケイ	*Kalanchoe spathulata*

絶滅危惧IA類(CR)

アイズヒメアザミ	*Cirsium aidzuense*
アオイガワラビ	*Diplazium kawakamii*
アオキラン	*Epipogium japonicum*
アカハダコバノキ	*Margaritaria indica*
アサトカンアオイ	*Asarum tabatanum*
アシガタシダ	*Pteris grevilleana*
アタシカカナワラビ	*Arachniodes oohorae*
アポイアザミ	*Cirsium apoense*
アポイカンバ	*Betula apoiensis*
アポイマンテマ	*Silene repens* var. *apoiensis*
アマギテンナンショウ	*Arisaema kuratae*
アマノホシクサ	*Eriocaulon amanoanum*
アマミアオネカズラ	*Goniophlebium amamianum*
アマミアワゴケ	*Ophiorrhiza yamashitae*
アマミイケマ	*Cynanchum boudieri*
アマミイワウチワ	*Shortia rotundifolia* var. *amamiana*
アマミエビネ	*Calanthe amamiana*
アマミカジカエデ	*Acer amamiense*
アマミカタバミ	*Oxalis amamiana*
アマミサンショウソウ	*Elatostema oshimense*
アマミスミレ	*Viola amamiana*
アマミセイシカ	*Rhododendron latoucheae* var. *amamiense*
アマミタチドコロ	*Dioscorea zentaroana*
アマミデンダ	*Polystichum obae*
アマミナツトウダイ	*Euphorbia* sp.
アマミヒイラギモチ	*Ilex dimorphophylla*
アリサンタマツリスゲ	*Carex arisanensis*
アリサンムヨウラン	*Cheirostylis takeoi*
アワチドリ	*Orchis graminifolia* var. *suzukiana*
アワムヨウラン	*Lecanorchis trachycaula*
アンドンマユミ	*Euonymus oligospermus*
イイデトリカブト	*Aconitum iidemontanum*
イシガキカラスウリ	*Trichosanthes homophylla* var. *ishigakiensis*
イシガキスミレ	*Viola tashiroi* var. *tairae*
イシガキソウ	*Sciaphila multiflora*
イシヅチテンナンショウ	*Arisaema ishizuchiense* subsp. *ishizuchiense*
イシヅチボウフウ	*Angelica saxicola*
イチゲイチヤクソウ	*Moneses uniflora*
イツキカナワラビ	*Arachniodes cantilenae*
イッスンテンツキ	*Fimbristylis kadzusana*

イトシシラン	*Haplopteris mediosora*
イトスナヅル	*Cassytha glabella*
イナゴメグサ	*Euphrasia multifolia* var. *inaensis*
イナヒロハテンナンショウ	*Arisaema inaense*
イヌイトモ	*Potamogeton obtusifolius*
イヌイノモトソウ	*Lindsaea ensifolia*
イヌニガクサ	*Teucrium veronicoides* var. *brachytrichum*
イヌヤチスギラン	*Lycopodium carolinianum*
イネガヤ	*Piptatherum kuoi*
イブリハナワラビ	*Botrychium microphyllum*
イヘヤヒゲクサ	*Schoenus calostachyus*
イヤリトリカブト	*Aconitum japonicum* subsp. *maritimum* var. *iyariense*
イラブナスビ	*Solanum miyakojimense*
イワアカザ	*Chenopodium gracilispicum*
イワムラサキ	*Hackelia deflexa*
インドヒモカズラ	*Deeringia polysperma*
ウケユリ	*Lilium alexandrae*
ウジカラマツ	*Thalictrum ujiinsulare*
ウスイロホウビシダ	*Hymenasplenium subnormale*
ウゼンヒメアザミ	*Cirsium katoanum*
ウゼンベニバナヒョウタンボク	*Lonicera uzenensis*
ウチダシクロキ	*Symplocos kawakamii*
ウナヅキテンツキ	*Fimbristylis nutans*
ウラジロヒカゲツツジ	*Rhododendron keiskei* var. *hypoglaucum*
ウロコノキシノブ	*Lepisorus oligolepidus*
エゾイトイ	*Juncus potaninii*
エゾヌノヒゲ	*Eriocaulon perplexum*
エゾタカネツメクサ	*Minuartia arctica* var. *arctica*
エゾノクサタチバナ	*Vincetoxicum inamoenum*
エゾノクモマグサ	*Saxifraga nishidae*
エゾノダッタンコゴメグサ	*Euphrasia pectinata* var. *obtusiserrata*
エゾノチチコグサ	*Antennaria dioica*
エゾマメヤナギ	*Salix nummularia*
エゾムギ	*Elymus sibiricus*
エゾモメンヅル	*Astragalus japonicus*
エゾルリソウ	*Mertensia pterocarpa* var. *yezoensis*
エゾルリムラサキ	*Eritrichium nipponicum* var. *albiflorum*
エゾワタスゲ	*Eriophorum scheuchzeri* var. *tenuifolium*
エダウチアカバナ	*Epilobium fastigiatoramosum*
エダウチヌキマメ	*Crotalaria uncinella*
エノキフジ	*Discocleidion ulmifolium*
エビノオクジャク	*Dryopteris ebinoensis*
エンレイショウキラン	*Acanthephippium pictum*
オオアマミテンナンショウ	*Arisaema heterocephalum* subsp. *majus*
オオイソノギク	*Aster ujiinsularis*
オオイワツメクサ	*Stellaria nipponica* var. *yezoensis*
オオウバタケニンジン	*Angelica mukabakiensis*
オオカゲロウラン	*Hetaeria oblongifolia*
オオカナメモチ	*Photinia serratifolia*
オオキヌラン	*Heterozeuxine nervosa*
オオサワトリカブト	*Aconitum senanense* subsp. *senanense* var. *isidzukae*
オオシマガンピ	*Diplomorpha phymatoglossa*
オオスズムシラン	*Cryptostylis arachnites*
オオナガバハグマ	*Ainsliaea oblonga* var. *latifolia*
オオニンジンボク	*Vitex quinata*
オオヌカキビ	*Panicum paludosum*
オオバケアサガオ	*Lepistemon binectariferum* var. *trichocarpum*
オオバシシラン	*Haplopteris forrestiana*
オオバナオオヤマサギソウ	*Platanthera hondoensis*
オオバヨウラクラン	*Oberonia makinoi*
オオベニウツギ	*Weigela florida*
オオホウキガヤツリ	*Cyperus digitatus*
オオミネイワヘゴ	*Dryopteris lunanensis*
オオヤグルマシダ	*Dryopteris wallichiana*
オオヤマイチジク	*Ficus iidaiana*
オオヨドカワゴロモ	*Hydrobryum koribanum*
オガサワラグワ	*Morus boninensis*
オガタテンナンショウ	*Arisaema ogatae*
オキナワアツイタ	*Elaphoglossum callifolium*
オキナワイ	*Juncus decipiens* f. *filiformis*
オキナワテンナンショウ	*Arisaema heterocephalum* subsp. *okinawense*
オキナワヒメウツギ	*Deutzia naseana* var. *amanoi*
オキナワヒメラン	*Crepidium purpureum*
オキノクリハラン	*Leptochilus decurrens*
オクタマツリスゲ	*Carex filipes* var. *kuzakaiensis*
オドリコテンナンショウ	*Arisaema aprile*
オナガカンアオイ	*Asarum minamitanianum*
オナガサイシン	*Asarum caudigerum*
オニカモジ	*Elymus tsukushiensis* var. *tsukushiensis*
オニツクバネウツギ	*Abelia serrata* var. *tomentosa*
オニマメヅタ	*Lemmaphyllum pyriforme*
オモトソウ	*Sciaphila sugimotoi*
オンタケブシ	*Aconitum metajaponicum*
カイサカネラン	*Neottia furusei*
ガクタヌキマメ	*Crotalaria calycina*
カザリシダ	*Aglaomorpha coronans*
ガシャモク	*Potamogeton lucens* var. *teganumensis*
カッコソウ	*Primula kisoana* var. *kisoana*
カドハリイ	*Eleocharis tetraquetra* var. *tsurumachii*
カヤツリマツバイ	*Eleocharis retroflexa* subsp. *chaetaria*
カラフトグワイ	*Sagittaria natans*
カワバタハチジョウシダ	*Pteris kawabatae*

カンチヤチハコベ	Stellaria calycantha
キイウマノミツバ	Sanicula lamelligera var. wakayamensis
キクバイズハハコ	Conyza aegyptiaca
キクモバホラゴケ	Callistopteris apiifolia
キソエビネ	Calanthe alpina var. schlechteri
キタダケイチゴツナギ	Poa glauca var. kitadakensis
キタダケデンダ	Woodsia subcordata
キタダケトリカブト	Aconitum kitadakense
キバナコクラン	Liparis nigra var. sootenzanensis
キバナシュスラン	Anoectochilus formosanus
キバナスゲユリ	Lilium callosum var. flaviflorum
キバナホウチャクソウ	Disporum uniflorum
キュウシュウイノデ	Polystichum grandifrons
キヨシソウ	Saxifraga bracteata
キリギシソウ	Callianthemum kirigishiense subsp. kirigishiense
キリシマイワヘゴ	Dryopteris hangchowensis
キリシマノガリヤス	Calamagrostis autumnalis
クシロチドリ	Herminium monorchis
クシロネナシカズラ	Cuscuta europaea
グスクカンアオイ	Asarum gusk
クスクスラン	Bulbophyllum affine
クニガミトンボソウ	Platanthera sonoharae
クニガミヒサカキ	Eurya zigzag
クマイワヘゴ	Dryopteris anthracinisquama
クマガワブドウ	Vitis romanetii
クマヤブソテツ	Cyrtomium macrophyllum var. microindusium
クマヤマグミ	Elaeagnus epitricha
クモイジガバチ	Liparis truncata
クモマキンポウゲ	Ranunculus pygmaeus
クロカミシライトソウ	Chionographis koidzumiana var. kurokamiana
クロカミラン	Orchis graminifolia var. kurokamiana
クロブシヒョウタンボク	Lonicera kurobushiensis
クロボウモドキ	Polyalthia liukiuensis
クロミノハリイ	Eleocharis atropurpurea
クロミノハリスグリ	Ribes horridum
ケイタオフウラン	Thrixspermum saruwatarii
ケサヤバナ	Coleus formosanus
ケナシハイチゴザサ	Isachne lutchuensis
ケナシハテルマカズラ	Triumfetta procumbens var. glaberrima
コウシュンシュスラン	Anoectochilus koshunensis
コウシュンスゲ	Remirea maritima
コウヤハンショウヅル	Clematis obvallata var. obvallata
コウライタチバナ	Citrus nippokoreana
コウライブシ	Aconitum jaluense subsp. jaluense
コカゲラン	Didymoplexiella siamensis
コケセンボンギク	Lagenophora lanata
コゴメキノエラン	Liparis viridiflora
コスギトウゲシバ	Lycopodium somae
コヌマスゲ	Carex rotundata
コハクラン	Oreorchis itoana
コバトベラ	Pittosporum parvifolium
コバノアマミフユイチゴ	Rubus amamianus var. minor
コバノクスドイゲ	Croton sp.
ゴバンノアシ	Barringtonia asiatica
コビトホラシノブ	Odontosoria minutula
コヘラナレン	Crepidiastrum grandicollum
コミノヒメウツギ	Deutzia hatusimae
ゴムカズラ	Urceola micrantha
コモチナナバケシダ	Tectaria fauriei
コモロコシガヤ	Sorghum nitidum
ゴヨウザンヨウラク	Menziesia goyozanense
コラン	Cymbidium koran
サガリラン	Diploprora championii
サキシマエノキ	Celtis biondii var. insularis
サキシマスケロクラン	Lecanorchis flavicans var. flavicans
サキシマハブカズラ	Rhaphidophora kortharthii
サキシマホラゴケ	Cephalomanes atrovirens
サクヤアカササゲ	Vigna vexillata var. vexillata
サクラジマイノデ	Polystichum piceopaleaceum
サクラジマエビネ	Calanthe mannii
ササキカズラ	Ryssopterys timoriensis
サツマアオイ	Asarum satsumense
サツマオモト	Rohdea japonica var. latifolia
サツマスズメウリ	Zehneria perpusilla var. deltifrons
サツマホトトギス	Tricyrtis hitra var. masamunei
シイバサトメシダ	Athyrium neglectum subsp. australe
シシキカンアオイ	Asarum hexalobum var. controversum
シソノミグサ	Knoxia sumatrensis
シナノノダケ	Angelica sinanomontana
シノブホングウシダ	Lindsaea kawabatae
シビイヌワラビ	Athyrium kenzo-satakei
シマイヌワラビ	Athyrium tozanense
シマウツボ	Orobanche boninsimae
シマキンレイカ	Patrinia triloba var. kozushimensis
シマクモキリソウ	Liparis hostifolia
シマジリスミレ	Viola okinawensis
シマソケイ	Ochrosia iwasakiana
シマタキミシダ	Antrophyum formosanum
シマトウヒレン	Saussurea insularis
シマホザキラン	Malaxis boninensis
シマムラサキ	Callicarpa glabra
シマヤマソテツ	Plagiogyria stenoptera
シマヤワラシダ	Thelypteris gracilescens
シモダカンアオイ	Asarum muramatsui var. shimodanum

シモツケコウホネ	*Nuphar submersa*
ジャコウシダ	*Deparia formosana*
ジュウロウカンアオイ	*Asarum kinoshitae*
ジョウロウラン	*Disperis neilgherrensis*
シライワアザミ	*Cirsium akimotoi*
シリベシナズナ	*Draba igarashii*
シロコスミレ	*Viola lactiflora*
シロテンマ	*Gastrodia elata* var. *pallens*
シンチクヒメハギ	*Polygala polifolia*
スイシャホシクサ	*Eriocaulon truncatum*
スエヒロアオイ	*Asarum dilatatum*
スズカケソウ	*Veronicastrum villosulum*
スナジマメ	*Zornia cantoniensis*
スルガイノデ	*Polystichum fibrillosopaleaceum* var. *marginale*
スルガラン	*Cymbidium ensifolium*
セキモンウライソウ	*Procris boninensis*
セキモンノキ	*Claoxylon centinarium*
セッピコテンナンショウ	*Arisaema seppikoense*
セトウチスゲ	*Carex kagoshimensis*
センカクオトギリ	*Hypericum senkakuinsulare*
センカクカンアオイ	*Asarum senkakuinsulare*
センカクツツジ	*Rhododendron eriocarpum* var. *tawadae*
センカクトロロアオイ	*Abelmoschus moschatus* var. *betulifolius*
センカクハマサジ	*Limonium senkakuense*
センジョウスゲ	*Carex lehmannii*
センリゴマ	*Rehmannia japonica*
ソウウンナズナ	*Draba nakaiana*
ソハヤキトンボソウ	*Platanthera stenoglossa* subsp. *hottae*
タイシャクカモジ	*Elymus koryoensis*
ダイセンアシボソスゲ	*Carex scita* var. *parvisquama*
ダイトウサクラタデ	*Persicaria japonica* var. *taitoinsularis*
ダイトウワダン	*Crepidiastrum lanceolatum* var. *daitoense*
タイヨウシダ	*Thelypteris erubescens*
タイヨウフウトウカズラ	*Piper postelsianum*
タイワンアサマツゲ	*Buxus sinica* var. *sinica*
タイワンアマクサシダ	*Pteris formosana*
タイワンアリサンイヌワラビ	*Athyrium arisanense*
タイワンカンスゲ	*Carex longistipes*
タイワンシシンラン	*Lysionotus apicidens*
タイワンショウキラン	*Acanthephippium sylhetense*
タイワンチトセカズラ	*Gardneria shimadai*
タイワンツクバネウツギ	*Abelia chinensis* var. *ionandra*
タイワンハマサジ	*Limonium sinense*
タイワンビロードシダ	*Pyrrosia linearifolia* var. *heterolepis*
タイワンフシノキ	*Rhus javanica* var. *javanica*
タイワンホトトギス	*Tricyrtis formosana*
タイワンミヤマトベラ	*Euchresta formosana*

タイワンルリソウ	*Cynoglossum lanceolatum* var. *formosanum*
タカオオオスズムシラン	*Cryptostylis taiwaniana*
タカクマムラサキ	*Callicarpa longissima*
タカサゴアザミ	*Cirsium japonicum* var. *australe*
タカサゴイヌワラビ	*Athyrium silvicola*
タカサゴヤガラ	*Eulophia taiwanensis*
タカツルラン	*Erythrorchis altissima*
タカネシダ	*Polystichum lachenense*
タカネマンテマ	*Silene uralensis*
タガネラン	*Calanthe davidii*
タコガタサギソウ	*Peristylus lacertifer*
タシロカワゴケソウ	*Cladopus fukienensis*
タシロマメ	*Intsia bijuga*
タチミゾカクシ	*Lobelia chevalieri*
タデハギ	*Tadehagi triquetrum*
タネガシマシコウラン	*Bulbophyllum macraei* var. *tanegashimense*
タマザキエビネ	*Calanthe densiflora*
タモトユリ	*Lilium nobilissimum*
タンゴグミ	*Elaeagnus arakiana*
チシマイチゴ	*Rubus arcticus*
チシマツメクサ	*Sagina saginoides*
チシマヒメドクサ	*Equisetum variegatum*
チチジマイチゴ	*Rubus nakaii*
チチブイワザクラ	*Primula reinii* var. *rhodotricha*
チチブシラスゲ	*Carex planiculmis* var. *urasawae*
チャボカワズスゲ	*Carex omiana* var. *yakushimana*
チュウゴクボダイジュ	*Tilia mandshurica* var. *chugokuensis*
チョウセンキバナアツモリソウ	*Cypripedium guttatum*
チョウセンニワフジ	*Indigofera kirilowii*
ツクシアリドオシラン	*Myrmechis tsukusiana*
ツクシイワシャジン	*Adenophora hatsushimae*
ツクシムレスズメ	*Sophora franchetiana*
ツツイイワヘゴ	*Dryopteris tsutsuiana*
ツルキジノオ	*Lomariopsis spectabilis*
ツルダカナワラビ	*Arachniodes chinensis*
テリハオリヅルスミレ	*Viola* sp.
テリハモモタマナ	*Terminalia nitens*
テングノハナ	*Illigera luzonensis*
トウカテンソウ	*Nanocnide pilosa*
トウシャジン	*Adenophora stricta*
ドウトウアツモリソウ	*Cypripedium shanxiense*
トカチビランジ	*Silene tokachiensis*
トカラタマアジサイ	*Hydrangea involucrata* var. *tokarensis*
トクノシマテンナンショウ	*Arisaema kawashimae*
トゲイボタ	*Ligustrum tamakii*
トゲミノイヌチシャ	*Cordia aspera* subsp. *kanehirae*
トゲヤマイヌワラビ	*Athyrium spinescens*
トサオトギリ	*Hypericum tosaense*
トダスゲ	*Carex aequialta*
トックリスゲ	*Carex rhynchachaenium*

トナカイスゲ	*Carex globularis*
ドナンコバンノキ	*Phyllanthus oligospermus* subsp. *donanensis*
トモエバテンツキ	*Fimbristylis fimbristyloides*
トリガミネカンアオイ	*Asarum pellucidum*
ナガエチャボゼキショウ	*Tofieldia coccinea* var. *kiusiana*
ナガバアサガオ	*Aniseia martinicensis*
ナガバウスバシダ	*Tectaria kusukusensis*
ナガバエビモ	*Potamogeton praelongus*
ナガバヒゼンマユミ	*Euonymus oblongifolius*
ナガボナツハゼ	*Vaccinium sieboldii*
ナガミカズラ	*Aeschynanthus acuminatus*
ナギヒロハテンナンショウ	*Arisaema nagiense*
ナスヒオウギアヤメ	*Iris setosa* var. *nasuensis*
ナナツガママンネングサ	*Sedum drymarioides*
ナンゴクヤツシロラン	*Gastrodia shimizuana*
ナンバンカモメラン	*Macodes petola*
ナンブトラノオ	*Bistorta hayachinensis*
ニイガタガヤツリ	*Cyperus niigatensis*
ニッコウコウモリ	*Parasenecio hastatus* subsp. *orientalis* var. *nantaicus*
ニッパヤシ	*Nypa fruticans*
ニッポウアザミ	*Cirsium nippoense*
ヌマスゲ	*Carex rostrata* var. *borealis*
ハイルリソウ	*Omphalodes prolifera*
ハガクレナガミラン	*Thrixspermum fantasticum*
ハカマウラボシ	*Drynaria roosii*
ハギクソウ	*Euphorbia octoradiata*
ハチジョウツレサギ	*Platanthera okuboi*
ハツシマラン	*Odontochilus hatusimanus*
ハナシノブ	*Polemonium kiushianum*
ハナナズナ	*Berteroella maximowiczii*
ハナハタザオ	*Dontostemon dentatus*
ハマタイセイ	*Isatis tinctoria*
ハヤトミツバツツジ	*Rhododendron dilatatum* var. *satsumense*
ハラヌメリ	*Saccolepis myosuroides*
ヒゲナガトンボ	*Peristylus calcaratus*
ヒゴカナワラビ	*Arachniodes simulans*
ヒゴミズキ	*Corylopsis gotoana* var. *pubescens*
ヒシバウオトリギ	*Grewia rhombifolia*
ヒダカソウ	*Callianthemum miyabeanum*
ヒトツバマメヅタ	*Pyrrosia adnascens*
ヒナカンアオイ	*Asarum okinawense*
ヒナノボンボリ	*Oxygyne hyodoi*
ヒナリンドウ	*Gentiana aquatica*
ヒノタニリュウビンタイ	*Angiopteris fokiensis*
ヒメイバラモ	*Najas tenuicaulis*
ヒメウシノシッペイ	*Thaumastochloa cochinchinensis*
ヒメカクラン	*Phaius mishmensis*
ヒメカモノハシ	*Ischaemum indicum*
ヒメキカシグサ	*Rotala elatinomorpha*
ヒメクリソラン	*Hancockia uniflora*
ヒメクロウメモドキ	*Rhamnus kanagusukui*
ヒメコザクラ	*Primula macrocarpa*
ヒメシラヒゲラン	*Pristiglottis rubricentra*
ヒメスイカズラ	*Lonicera japonica* var. *miyagusukiana*
ヒメスズムシソウ	*Liparis nikkoensis*
ヒメタニワタリ	*Hymenasplenium cardiophyllum*
ヒメトキホコリ	*Elatostema yakushimense*
ヒメネズミノオ	*Sporobolus hancei*
ヒメハイチゴザサ	*Isachne myosotis*
ヒメハブカズラ	*Rhaphidophora liukiuensis*
ヒメホウキガヤツリ	*Cyperus nutans* var. *subprolixus*
ヒメミコシガヤ	*Carex laevissima*
ヒメミヤマコナスビ	*Lysimachia liukiuensis*
ヒメヨウラクヒバ	*Lycopodium salvinioides*
ヒモスギラン	*Lycopodium fargesii*
ビャッコイ	*Isolepis crassiuscula*
ヒュウガアザミ	*Cirsium masami-saitoanum*
ヒュウガカナワラビ	*Arachniodes hiugana*
ヒュウガシケシダ	*Deparia minamitanii*
ヒュウガセンキュウ	*Angelica minamitanii*
ヒュウガタイゲキ	*Euphorbia watanabei* subsp. *minamitanii*
ヒュウガヒロハテンナンショウ	*Arisaema minamitanii*
ヒュウガホシクサ	*Eriocaulon seticuspe*
ヒルギモドキ	*Lumnitzera racemosa*
ビロードメヒシバ	*Digitaria mollicoma*
ヒロハタマミズキ	*Ilex macrocarpa*
ヒロハヒメウラボシ	*Oreogrammitis nipponica*
フォーリーガヤ	*Schizachne purpurascens* subsp. *callosa*
フクレギシダ	*Diplazium pin-faense*
フササジラン	*Asplenium griffithianum*
フタナミソウ	*Scorzonera rebunensis*
ヘイケモリアザミ	*Cirsium lucens* var. *bracteosum*
ヘツカコナスビ	*Lysimachia ohsumiensis*
ヘツカラン	*Cymbidium dayanum* var. *leachianum*
ベニシオガマ	*Pedicularis koidzumiana*
ヘラハタザオ	*Arabis ligulifolia*
ボウカズラ	*Lycopodium laxum*
ホウキガヤツリ	*Cyperus distans*
ボウコツルマメ	*Glycine tabacina*
ホウサイラン	*Cymbidium sinense*
ホウザンスゲ	*Carex hoozanensis*
ホウザンツヅラフジ	*Cocculus orbiculatus*
ホウライウスヒメワラビ	*Acystopteris tenuisecta*
ホウライツヅラフジ	*Pericampylus formosanus*
ホウライムラサキ	*Callicarpa formosana*
ホコガタシダ	*Asplenium ensiforme*
ホザキツキヌキソウ	*Triosteum pinnatifidum*
ホザキヒメラン	*Dienia ophrydis*
ホシザキシャクジョウ	*Oxygyne shinzatoi*

ホシザクラ	*Prunus tamaclivorum*	ムニンノボタン	*Melastoma tetramerum* var. *tetramerum*
ホシツルラン	*Calanthe hoshii*		
ホソスゲ	*Carex disperma*	ムニンヒョウタンスゲ	*Carex yasuii*
ホソバイワガネソウ	*Coniogramme gracilis*	ムニンミドリシダ	*Diplazium subtripinnatum*
ホソバコウシュンシダ	*Microlepia obtusiloba* var. *angustata*	ムラサキベニシダ	*Dryopteris labordei* var. *purpurascens*
ホソバツルマメ	*Glycine max* subsp. *formosana*	**モイワラン**	*Cremastra aphylla*
ホソバドジョウツナギ	*Torreyochloa natans*	**モダマ**	*Entada tonkinensis*
ホソバヌカイタチシダ	*Dryopteris gymnosora* var. *angustata*	モノドラカンアオイ	*Asarum monodoriflorum*
		ヤエヤマシタン	*Pterocarpus vidalianus*
ホソバハナウド	*Heracleum lanatum* subsp. *akasimontanum*	ヤエヤマスケロクラン	*Lecanorchis japonica* var. *tubiformis*
ホソバハマセンダン	*Tetradium glabrifolium*	ヤエヤマタヌキマメ	*Crotalaria montana* var. *angustifolia*
ホソバフジボグサ	*Uraria picta*		
ホソバヘラオモダカ	*Alisma canaliculatum* var. *harimense*	ヤエヤマハシカグサ	*Hedyotis auricularia*
		ヤエヤマハマゴウ	*Vitex bicolor*
ホソバヤロード	*Excavatia hexandra*	ヤエヤマホラシノブ	*Odontosoria yaeyamensis*
ホソフデラン	*Erythrodes blumei*	ヤエヤマヤマボウシ	*Cornus kousa* var. *chinensis*
ホソミアダン	*Pandanus daitoensis*	ヤクイヌワラビ	*Athyrium masamunei*
ホテイアツモリ	*Cypripedium macranthos* var. *macranthos*	ヤクシマウスユキソウ	*Anaphalis sinica* var. *yakusimensis*
ホロテンナンショウ	*Arisaema cucullatum*	ヤクシマソウ	*Sciaphila yakushimensis*
マツゲカヤラン	*Gastrochilus ciliaris*	ヤクシマタニイヌワラビ	*Athyrium yakusimense*
マツバニンジン	*Linum stelleroides*	ヤクシマトンボ	*Platanthera mandarinorum* subsp. *hachijoensis* var. *masamunei*
マツムラソウ	*Titanotrichum oldhamii*		
マメダオシ	*Cuscuta australis*		
マメヅタカズラ	*Dischidia formosana*	ヤクシマノギク	*Aster yakushimensis*
マルバコケシダ	*Didymoglossum bimarginatum*	ヤクシマヒゴタイ	*Saussurea yakusimensis*
マルバタイミンタチバナ	*Myrsine okabeana*	ヤクシマヒロハテンナンショウ	*Arisaema longipedunculatum* var. *yakumontanum*
マルバヌカイタチシダモドキ	*Dryopteris tsugiwoi*		
マルバミズカクシ	*Lobelia zeylanica*	ヤクシマフウロ	*Geranium shikokianum* var. *yoshiianum*
マンシュウボダイジュ	*Tilia mandshurica* var. *mandshurica*	ヤクシマヤツシロラン	*Gastrodia albida*
		ヤクノヒナホシ	*Oxygyne yamashitae*
ミクラジマトウヒレン	*Saussurea mikurasimensis*	ヤクムヨウラン	*Lecanorchis nigricans* var. *yakusimensis*
ミズスギナ	*Rotala hippuris*		
ミズラン	*Androcorys pusillus*	ヤチシャジン	*Adenophora palustris*
ミドリアカザ	*Chenopodium bryoniifolium*	ヤツガタケキンポウゲ	*Ranunculus yatsugatakensis*
ミドリムヨウラン	*Lecanorchis virella*	ヤツガタケムグラ	*Galium triflorum*
ミヤココケリンドウ	*Gentiana takushii*	**ヤドリコケモモ**	*Vaccinium amamianum*
ミヤコジマソウ	*Hemigraphis okamotoi*	ヤハズカワツルモ	*Ruppia occidentalis*
ミヤマゼキショウ	*Juncus yakeisidakensis*	ヤブミョウガラン	*Goodyera fumata*
ミヤマノギク	*Erigeron miyabeanus*	ヤマグチタニイヌワラビ	*Athyrium otophorum* var. *okanum*
ミヤマノダケ	*Angelica cryptotaeniifolia* var. *cryptotaeniifolia*		
		ヤマタバコ	*Ligularia angusta*
ミヤマハナワラビ	*Botrychium lanceolatum*	ヤマドリトラノオ	*Asplenium castaneoviride*
ミョウギイワザクラ	*Primula reinii* var. *myogiensis*	ヤリスゲ	*Carex kabanovii*
ミョウギカラマツ	*Thalictrum minus* var. *chionophyllum*	ユウバリクモマグサ	*Saxifraga yuparensis*
		ユウバリシャジン	*Adenophora pereskiifolia* var. *yamadae*
ムカシベニシダ	*Dryopteris anadroma* (in schedule)		
		ユズノハカズラ	*Pothos chinensis*
ムギガラガヤツリ	*Cyperus unioloides*	ユワンオニドコロ	*Dioscorea tabatae*
ムジナモ	*Aldrovanda vesiculosa*	ヨナグニカモメヅル	*Vincetoxicum yonakuniense*
ムニンクロキ	*Symplocos boninensis*	ヨナクニトキホコリ	*Elatostema yonakuniense*
ムニンツツジ	*Rhododendron boninense*	ヨナグニノシラン	*Ophiopogon reversus*

リシリソウ	Anticlea sibirica
リュウキュウアセビ	Pieris koidzumiana
リュウキュウキンモウワラビ	Hypodematium fordii
リュウキュウスズカケ	Veronicastrum liukiuense
リュウキュウタイゲキ	Chamaesyce liukiuensis
リュウキュウチシャノキ	Ehretia philippinensis
リュウキュウヒエスゲ	Carex collifera
リュウキュウヒキノカサ	Ranunculus ternatus var. lutchuensis
リュウキュウヒメハギ	Polygala longifolia
リュウキュウヒモラン	Lycopodium sieboldii var. christensenianum
リュウキュウホウライカズラ	Gardneria liukiuensis
ルゾンヤマノイモ	Dioscorea luzonensis
ルリハッカ	Amethystea caerulea
ワダツミノキ	Nothapodytes amamianus
ワラビツナギ	Arthropteris palisotii

絶滅危惧IB類（EN）

アオカズラ	Sabia japonica
アオグキイヌワラビ	Athyrium viridescentipes
アオジクキヌラン	Zeuxine affinis
アカイシリンドウ	Gentianopsis yabei var. akaisiensis
アカウキクサ	Azolla imbricata
アカササゲ	Vigna vexillata var. tsusimensis
アカヒゲガヤ	Heteropogon contortus
アカンスゲ	Carex loliacea
アキザキナギラン	Cymbidium lancifolium
アキノハハコグサ	Gnaphalium hypoleucum
アコウネッタイラン	Tropidia angulosa
アシノクラアザミ	Cirsium ashinokuraense
アズミイヌノヒゲ	Eriocaulon mikawanum var. azumianum
アズミノヘラオモダカ	Alisma canaliculatum var. azuminoense
アゼオトギリ	Hypericum oliganthum
アソシケシダ	Deparia otomasui
アソタイゲキ	Euphorbia pekinensis subsp. asoensis
アッカゼキショウ	Tofieldia coccinea var. akkana
アツバシロテツ	Melicope grisea var. crassifolia
アポイアズマギク	Erigeron thunbergii subsp. glabratus var. angustifolius
アマギツツジ	Rhododendron amagianum
アマクサミツバツツジ	Rhododendron amakusaense
アマミクサアジサイ	Cardiandra amamiohsimensis
アマミタムラソウ	Salvia pygmaea var. simplicior
アマミテンナンショウ	Arisaema heterocephalum subsp. heterocephalum
アラガタオオサンキライ	Smilax bracteata subsp. verruculosa

アラゲサンショウソウ	Pellionia brevifolia
アラゲタデ	Persicaria attenuata subsp. pulchra
イイヌマムカゴ	Platanthera iinumae
イエジマチャセンシダ	Asplenium oligophlebium var. iezimaense
イシヅチカラマツ	Thalictrum minus var. yamamotoi
イズアサツキ	Allium schoenoprasum var. idzuense
イズコゴメグサ	Euphrasia insignis subsp. iinumae var. idzuensis
イズノシマホシクサ	Eriocaulon zyotanii
イスミズスズカケ	Veronicastrum sp.
イゼナガヤ	Eriachne armittii
イソノギク	Aster asagrayi var. asagrayi
イソフジ	Sophora tomentosa
イヌカモジグサ	Elymus gmelinii var. tenuisetus
イモネヤガラ	Eulophia zollingeri
イモラン	Eulophia toyoshimae
イヨクジャク	Diplazium okudairae
イヨトンボ	Peristylus iyoensis
イリオモテトンボソウ	Platanthera stenoglossa subsp. iriomotensis
イリオモテラン	Trichoglottis lutchuensis
イワウラジロ	Cheilanthes krameri
イワチドリ	Amitostigma keiskei
イワヤクシソウ	Crepidiastrum yoshinoi
ウシオスゲ	Carex ramenskii
ウスギワニグチソウ	Polygonatum cryptanthum
ウスバアザミ	Cirsium tenue
ウスユキクチナシグサ	Monochasma savatieri
ウスユキトウヒレン	Saussurea yanagisawae
ウチワツナギ	Phyllodium pulchellum
ウチワホングウシダ	Lindsaea simulans
ウバタケギボウシ	Hosta pulchella
ウバタケニンジン	Angelica ubatakensis
ウラジロギボウシ	Hosta hypoleuca
ウラジロコムラサキ	Callicarpa parvifolia
エゾイチヤクソウ	Pyrola minor
エゾイワツメクサ	Stellaria pterosperma
エゾウスユキソウ	Leontopodium discolor
エゾオオケマン	Corydalis gigantea
エゾオヤマノエンドウ	Oxytropis japonica var. sericea
エゾコウゾリナ	Hypochaeris crepidioides
エゾコウボウ	Hierochloe pluriflora
エゾニガクサ	Teucrium veronicoides var. veronicoides
エゾタカネヤナギ	Salix nakamurana subsp. yezoalpina
エゾトウウチソウ	Sanguisorba hakusanensis var. japonensis
エゾノミクリゼキショウ	Juncus mertensianus

エゾハコベ	*Stellaria humifusa*
エゾハリスゲ	*Carex uda*
エナシシソクサ	*Limnophila fragrans*
エンシュウツリフネソウ	*Impatiens hypophylla* var. *microhypophylla*
オオアカウキクサ	*Azolla japonica*
オオイチョウバイカモ	*Ranunculus nipponicus* var. *major*
オオウサギギク	*Arnica sachalinensis*
オオエゾデンダ	*Polypodium vulgare*
オオオサラン	*Eria corneri*
オオギミラン	*Odontochilus tashiroi*
オオキリシマエビネ	*Calanthe izuinsularis*
オオキンレイカ	*Patrinia triloba* var. *takeuchiana*
オオスミミツバツツジ	*Rhododendron mayebarae* var. *ohsumiense*
オオチッパベンケイ	*Hylotelephium sordidum* var. *oishii*
オオチョウジガマズミ	*Viburnum carlesii* var. *carlesii*
オオツルコウジ	*Ardisia walkeri*
オオバカンアオイ	*Asarum lutchuense*
オオバシナミズニラ	*Isoetes sinensis* var. *coreana*
オオバネムノキ	*Albizia kalkora*
オオバフジボグサ	*Uraria lagopodioides*
オオバヨモギ	*Artemisia koidzumii* var. *megaphylla*
オオフガクスズムシソウ	*Liparis koreojaponica*
オオマツバシバ	*Aristida takeoi*
オオマルバコンロンソウ	*Cardamine arakiana*
オオミズトンボ	*Habenaria linearifolia* var. *linearifolia*
オオミネテンナンショウ	*Arisaema nikoense* subsp. *australe*
オオミノトベラ	*Pittosporum boninense* var. *chichijimense*
オオムラホシクサ	*Eriocaulon omuranum*
オオモクセイ	*Osmanthus rigidus*
オキナワスナゴショウ	*Peperomia okinawensis*
オキナワスミレ	*Viola utchinensis*
オキナワセッコク	*Dendrobium okinawense*
オキナワホシクサ	*Eriocaulon miquelianum* var. *lutchuense*
オトメクジャク	*Adiantum edgeworthii*
オニコナスビ	*Lysimachia tashiroi*
オニビトノガリヤス	*Calamagrostis onibitoana*
オノエリンドウ	*Gentianella amarella* subsp. *takedae*
オハグロスゲ	*Carex bigelowii*
オモゴウテンナンショウ	*Arisaema iyoanum* subsp. *iyoanum*
カイコバイモ	*Fritillaria kaiensis*
カギガタアオイ	*Asarum curvistigma*
カケロマカンアオイ	*Asarum trinaciforme*
カサモチ	*Nothosmyrnium japonicum*
ガッサンチドリ	*Platanthera takedae* subsp. *uzenensis*
カツラカワアザミ	*Cirsium opacum*
カツラギグミ	*Elaeagnus takeshitae*
カミガモソウ	*Gratiola fluviatilis*
カムイコザクラ	*Primula hidakana* var. *kamuiana*
カムイビランジ	*Silene hidaka-alpina*
カヤツリスゲ	*Carex bohemica*
カラピンラセンソウ	*Triumfetta semitriloba*
カラフトイワスゲ	*Carex rupestris*
カラフトゲンゲ	*Hedysarum hedysaroides*
カラフトハナシノブ	*Polemonium caeruleum* subsp. *laxiflorum* var. *laxiflorum*
カラフトヒロハテンナンショウ	*Arisaema sachalinense*
カラフトマンテマ	*Silene repens* var. *repens*
カラフトモメンヅル	*Astragalus schelichovii*
ガランピネムチャ	*Cassia mimosoides*
カリバオウギ	*Astragalus yamamotoi*
カワゴケソウ	*Cladopus doianus*
カワユエンレイソウ	*Trillium channellii*
カンカケイニラ	*Allium togashii*
カンザシワラビ	*Schizaea dichotoma*
ガンジュアザミ	*Cirsium ganjuense*
カンダヒメラン	*Crepidium kandae*
カンチスゲ	*Carex gynocrates*
カンラン	*Cymbidium kanran*
キエビネ	*Calanthe sieboldii*
キタカミヒョウタンボク	*Lonicera demissa* var. *borealis*
キタダケカニツリ	*Trisetum spicatum* subsp. *molle*
キタダケキンポウゲ	*Ranunculus kitadakeanus*
キタダケナズナ	*Draba kitadakensis*
キタダケヨモギ	*Artemisia kitadakensis*
キバナコウリンカ	*Tephroseris furusei*
キバナシオガマ	*Pedicularis oederi* subsp. *heteroglossa*
キバナノショウキラン	*Yoania amagiensis*
キバナノセッコク	*Dendrobium catenatum*
キバナツキヌキホトトギス	*Tricyrtis perfoliata*
キビノミノボロスゲ	*Carex paxii*
キブネダイオウ	*Rumex nepalensis* var. *andreanus*
ギボウシラン	*Liparis auriculata*
キリガミネアサヒラン	*Eleorchis japonica* var. *conformis*
キリガミネヒオウギアヤメ	*Iris setosa* var. *hondoensis*
キリシマエビネ	*Calanthe aristulifera* var. *kirishimensis*
キリタチヤマザクラ	*Prunus sargentii* var. *akimotoi* (in schedule)
キレハオオクボシダ	*Tomophyllum sakaguchianum*
キンキヒョウタンボク	*Lonicera ramosissima* var. *kinkiensis*
クグスゲ	*Carex pseudocyperus*
クザカイタンポポ	*Taraxacum kuzakaiense*

クサミズキ	*Nothapodytes nimmonianus*
クスクスヨウラクラン	*Oberonia anthropophora* var. *arisanensis*
クニガミシュスラン	*Goodyera sonoharae*
クマノダケ	*Angelica shikokiana* var. *mayebarana*
クモマタンポポ	*Taraxacum trigonolobum*
クモマユキノシタ	*Saxifraga laciniata*
クラガリシダ	*Lepisorus miyoshianus*
クルマギク	*Aster tenuipes*
クロクモキリソウ	*Liparis* sp.
クロミサンザシ	*Crataegus chlorosarca*
ゲイビゼキショウ	*Tofieldia coccinea* var. *geibiensis*
ケミヤマナミキ	*Scutellaria shikokiana* var. *pubicaulis*
ゲンカイモエギスゲ	*Carex genkaiensis*
コウヤカンアオイ	*Asarum kooyanum* var. *kooyanum*
コウヤシロカネソウ	*Dichocarpum numajirianum*
コウライワニグチソウ	*Polygonatum desoulavyi*
コウリンギク	*Senecio argunensis*
コキンモウイノデ	*Ctenitis microlepigera*
ココメヒョウタンボク	*Lonicera linderifolia* var. *konoi*
コシキイトラッキョウ	*Allium virgunculae* var. *koshikiense*
コシキジマハギ	*Lespedeza argyrophylla*
ゴショイチゴ	*Rubus chingii*
コトウカンアオイ	*Asarum majale*
コニシハイノキ	*Symplocos konishii*
コバノミミナグサ	*Cerastium furcatum* var. *ibukiense*
コバンムグラ	*Hedyotis chrysotricha*
コヒナリンドウ	*Gentiana laeviuscula*
コブラン	*Ophioglossum pendulum*
ゴマシオホシクサ	*Eriocaulon senile*
コマチイワヒトデ	*Colysis elegans*
コモチイヌワラビ	*Athyrium strigillosum*
サカバイヌワラビ	*Athyrium reflexipinnum*
サガミジョウロウホトトギス	*Tricyrtis ishiiana* var. *ishiiana*
サガミランモドキ	*Cymbidium aberrans*
サクライソウ	*Petrosavia sakuraii*
サクラジマハナヤスリ	*Ophioglossum kawamurae*
サクラソウモドキ	*Cortusa matthioli* subsp. *pekinensis* var. *sachalinensis*
ササバラン	*Liparis odorata*
サツマシダ	*Ctenitis sinii*
サツマチドリ	*Orchis graminifolia* var. *micropunctata (in schedule)*
サヤスゲ	*Carex vaginata*
ザラツキヒナガリヤス	*Calamagrostis nana* subsp. *hayachinensis*
サワトラノオ	*Lysimachia leucantha*
サンコカンアオイ	*Asarum trigynum*

サンプクリンドウ	*Comastoma pulmonarium* subsp. *sectum*
シコウラン	*Bulbophyllum macraei* var. *macraei*
シコクイチゲ	*Anemone sikokiana*
シコクテンナンショウ	*Arisaema iyoanum* subsp. *nakaianum*
シコクハンショウヅル	*Clematis obvallata* var. *shikokiana*
シコクヒロハテンナンショウ	*Arisaema longipedunculatum* var. *longipedunculatum*
シナノショウキラン	*Yoania flava*
シノブホラゴケ	*Vandenboschia maxima*
シバタカエデ	*Acer miyabei* var. *shibatae*
シブカワシロギク	*Aster rugulosus* var. *shibukawaensis*
シマカコソウ	*Ajuga boninsimae*
シマカモノハシ	*Ischaemum ischaemoides*
シマギョウギシバ	*Digitaria platycarpha*
シマコウヤボウキ	*Pertya yakushimensis*
シマシャジン	*Adenophora tashiroi*
シマツレサギソウ	*Platanthera boninensis*
シムライノデ	*Polystichum shimurae*
ジャコウキヌラン	*Heterozeuxine odorata*
シュミットスゲ	*Carex schmidtii*
ショウドシマレンギョウ	*Forsythia togashii*
シラガブドウ	*Vitis amurensis*
シレトコトリカブト	*Aconitum misaoanum*
シロウマナズナ	*Draba shiroumana*
シロヤマブキ	*Rhodotypos scandens*
ジンヨウキスミレ	*Viola alliariifolia*
ジンリョウユリ	*Lilium japonicum* var. *abeanum*
スルガジョウロウホトトギス	*Tricyrtis ishiiana* var. *surugensis*
スルガスゲ	*Carex omurae*
スルガヒョウタンボク	*Lonicera alpigena* subsp. *glehnii* var. *watanabeana*
セイタカヌカボシソウ	*Luzula elata*
セトウチギボウシ	*Hosta pycnophylla*
セトヤナギスブタ	*Blyxa alternifolia*
センジョウデンダ	*Polystichum atkinsonii*
ダイサギソウ	*Habenaria dentata*
タイシャクイタヤ	*Acer pictum* subsp. *taishakuense*
ダイセツトリカブト	*Aconitum yamazakii*
ダイトウシロダモ	*Neolitsea sericea* var. *argentea*
タイワンアオネカズラ	*Goniophlebium formosanum*
タイワンウラジロイチゴ	*Rubus swinhoei*
タイワンエビネ	*Calanthe formosana*
タイワンハリガネワラビ	*Thelypteris uraiensis*
タカウラボシ	*Phymatosorus nigrescens*
タカクマソウ	*Sciaphila tenella*
タカクマミツバツツジ	*Rhododendron viscistylum*
タカネエゾムギ	*Elymus yubaridakensis*
タカネキンポウゲ	*Ranunculus altaicus* subsp. *shinanoalpinus*

タカネグンバイ	*Thlaspi japonicum*	ツクモグサ	*Pulsatilla nipponica*
タカネコウリンギク	*Tephroseris flammea* subsp. *flammea*	ツシマノダケ	*Tilingia tsusimensis*
タカネシバスゲ	*Carex capillaris*	**ツシマヒョウタンボク**	*Lonicera fragrantissima*
タカネタンポポ	*Taraxacum yuparense*	ツチビノキ	*Daphnimorpha capitellata*
タカネヒメスゲ	*Carex melanocarpa*	ツルウリクサ	*Torenia concolor* var. *formosana*
タカハシテンナンショウ	*Arisaema nambae*		
タキミシダ	*Antrophyum obovatum*	ツルカメバソウ	*Trigonotis iinumae*
タシロノガリヤス	*Calamagrostis tashiroi*	ツルキケマン	*Corydalis ochotensis*
タチイチゴツナギ	*Poa nemoralis*	ツルギテンナンショウ	*Arisaema abei*
タチスズシロソウ	*Arabidopsis kamchatica* subsp. *kawasakiana*	ツルギハナウド	*Heracleum sphondylium* var. *tsurugisanense*
タデスミレ	*Viola thibaudieri*	テツオサギソウ	*Habenaria stenopetala*
タニマスミレ	*Viola epipsiloides*	テリハコブガシ	*Machilus pseudokobu*
タヌキノショクダイ	*Thismia abei*	テリハニシキソウ	*Chamaesyce hirta* var. *glaberrima*
タネガシマアザミ	*Cirsium tanegashimense*		
タネガシマムヨウラン	*Aphyllorchis montana*	トウサワトラノオ	*Lysimachia candida*
タブガワヤツシロラン	*Gastrodia uraiensis*	トガクシナズナ	*Draba sakuraii*
タマボウキ	*Asparagus oligoclonos*	トカチオウギ	*Astragalus tokachiensis*
タンザワサカネラン	*Neottia inagakii*	トキワガマズミ	*Viburnum japonicum* var. *boninsimense*
チクセツラン	*Corymborkis subdensa*		
チシマイワブキ	*Saxifraga nelsoniana* var. *reniformis*	**トキワバイカツツジ**	*Rhododendron uwaense*
チシマキンレイカ	*Patrinia sibirica*	トキワマンサク	*Loropetalum chinense*
チシマヒカゲノカズラ	*Lycopodium alpinum*	トクノシマエビネ	*Calanthe tokunoshimensis*
チシマママンテマ	*Silene repens* var. *latifolia*	トゲハチジョウシダ	*Pteris setulosocostulata*
チシマミクリ	*Sparganium hyperboreum*	トサカメオトラン	*Geodorum densiflorum*
チチジマクロキ	*Symplocos pergracilis*	トサノハマスゲ	*Cyperus rotundus* var. *yoshinagae*
チチジマナキリスゲ	*Carex chichijimensis*		
チチブミネバリ	*Betula chichibuensis*	トチナイソウ	*Androsace chamaejasme* subsp. *lehmanniana*
チチブリンドウ	*Gentianopsis contorta*		
チトセバイカモ	*Ranunculus yezoensis*	トヨグチウラボシ	*Lepisorus clathratus*
チャンチンモドキ	*Choerospondias axillaris*	**トラキチラン**	*Epipogium aphyllum*
チョウセンカメバソウ	*Trigonotis radicans* var. *sericea*	ナガバアリノトウグサ	*Haloragis chinensis*
チョウセンノギク	*Chrysanthemum zawadskii* var. *alpinum*	ナガバキブシ	*Stachyurus macrocarpus* var. *macrocarpus*
チョウセンヤマツツジ	*Rhododendron yedoense* var. *poukhanense*	ナガバコウラボシ	*Oreogrammitis tuyamae*
		ナガバコバンモチ	*Elaeocarpus multiflorus*
チョクザキミズ	*Lecanthus peduncularis*	ナゴラン	*Sedirea japonica*
ツキヌキオトギリ	*Hypericum sampsonii*	ナゼカンアオイ	*Asarum nazeanum*
ツクシアブラガヤ	*Scirpus rosthornii* var. *kiushuensis*	ナヨテンマ	*Gastrodia gracilis*
		ナリヤラン	*Arundina graminifolia*
ツクシオオガヤツリ	*Cyperus ohwii*	ナンゴクカモメヅル	*Vincetoxicum austrokiusianum*
ツクシコゴメグサ	*Euphrasia multifolia* var. *multifolia*	ナンゴクデンジソウ	*Marsilea crenata*
		ナンブイヌナズナ	*Draba japonica*
ツクシタチドコロ	*Dioscorea asclepiadea*	ナンブソモソモ	*Poa hayachinensis*
ツクシチドリ	*Platanthera brevicalcarata* subsp. *yakumontana*	ナンブトウウチソウ	*Sanguisorba obtusa*
		ニセツクシアザミ	*Cirsium pseudosuffultum*
ツクシトウヒレン	*Saussurea nipponica* subsp. *higomontana*	ネバリイズハハコ	*Conyza leucantha*
		ノカイドウ	*Malus spontanea*
ツクシナルコ	*Carex subcernua*	ノヒメユリ	*Lilium callosum* var. *callosum*
ツクシボウフウ	*Pimpinella thellungiana* var. *gustavohegiana*	ノルゲスゲ	*Carex mackenziei*
		ハイツメクサ	*Minuartia biflora*
ツクシボダイジュ	*Tilia mandshurica* var. *rufovillosa*	ハクチョウゲ	*Serissa japonica*
		ハザクラキブシ	*Stachyurus macrocarpus* var. *prunifolius*

ハタケテンツキ	*Fimbristylis stauntonii* var. *stauntonii*
ハタベスゲ	*Carex latisquamea*
ハチジョウネッタイラン	*Tropidia nipponica* var. *hachijoensis*
ハツシマカンアオイ	*Asarum hatsushimae*
ハッポウアザミ	*Cirsium happoense*
ハナカズラ	*Aconitum ciliare*
ハナコミカンボク	*Phyllanthus liukiuensis*
ハナシテンツキ	*Fimbristylis umbellaris*
ハナタネツケバナ	*Cardamine pratensis*
ハナヤマツルリンドウ	*Tripterospermum distylum*
ハハジマテンツキ	*Fimbristylis longispica* var. *hahajimensis*
ハハジマノボタン	*Melastoma tetramerum* var. *pentapetalum*
ハハジマハナガサノキ	*Morinda umbellata* subsp. *boninensis* var. *hahazimensis*
ハハジマホザキラン	*Malaxis hahajimensis*
ハマタマボウキ	*Asparagus kiusianus*
ハマビシ	*Tribulus terrestris*
ハヤチネウスユキソウ	*Leontopodium hayachinense*
ハライヌノヒゲ	*Eriocaulon ozense*
ハリナズナ	*Subularia aquatica*
ヒイラギソウ	*Ajuga incisa*
ヒイラギデンダ	*Polystichum lonchitis*
ヒカゲアマクサシダ	*Pteris tokioi*
ヒゲナガコメススキ	*Stipa alpina*
ヒジハリノキ	*Randia sinensis*
ヒシモドキ	*Trapella sinensis*
ヒゼンコウガイゼキショウ	*Juncus hizenensis*
ヒゼンマユミ	*Euonymus chibae*
ヒダカミツバツツジ	*Rhododendron dilatatum* var. *boreale*
ヒナノキンチャク	*Polygala tatarinowii*
ヒナヒゴタイ	*Saussurea japonica*
ヒナラン	*Amitostigma gracile*
ヒノタニシダ	*Pteris nakasimae*
ヒメアマナ	*Gagea japonica*
ヒメイノモトソウ	*Pteris yamatensis*
ヒメイヨカズラ	*Vincetoxicum matsumurae*
ヒメウラボシ	*Grammitis dorsipila*
ヒメキクタビラコ	*Myriactis japonensis*
ヒメキリンソウ	*Phedimus sikokianus*
ヒメサギゴケ	*Mazus goodenifolius*
ヒメジガバチソウ	*Liparis krameri* var. *shichitoana*
ヒメセンブリ	*Lomatogonium carinthiacum*
ヒメタツナミソウ	*Scutellaria kikai-insularis*
ヒメツルアズキ	*Vigna nakashimae*
ヒメツルアダン	*Freycinetia williamsii*
ヒメバイカモ	*Ranunculus trichophyllus* var. *kazusensis*
ヒメミミカキグサ	*Utricularia minutissima*
ヒメムカゴシダ	*Monachosorum arakii*
ヒメヤツシロラン	*Didymoplexis minor*
ヒメユリ	*Lilium concolor*
ヒモラン	*Lycopodium sieboldii* var. *sieboldii*
ヒレフリカラマツ	*Thalictrum toyamae*
ビロードキビ	*Brachiaria villosa*
ヒロハイッポンスゲ	*Carex pseudololiacea*
ヒロハガマズミ	*Viburnum koreanum*
ヒロハツリシュスラン	*Goodyera pendula* var. *brachyphylla*
ヒロハナライシダ	*Arachniodes quadripinnata* subsp. *fimbriata*
フクロダガヤ	*Tripogon longearistatus* var. *japonicus*
ブコウマメザクラ	*Prunus incisa* var. *bukosanensis*
フサタヌキモ	*Utricularia dimorphantha*
フジチドリ	*Neottianthe fujisanensis*
フタマタタンポポ	*Crepis hokkaidoensis*
ホウオウシャジン	*Adenophora takedae* var. *howozana*
ホウライイヌワラビ	*Athyrium subrigescens*
ホウライクジャク	*Adiantum capillus-junonis*
ホウライヒメワラビ	*Dryopteris hendersonii*
ホザキキカシグサ	*Rotala rotundifolia*
ホザキザクラ	*Stimpsonia chamaedryoides*
ホシザキカンアオイ	*Asarum sakawanum* var. *stellatum*
ホソバウルップソウ	*Lagotis yesoensis*
ホソバエゾノコギリ	*Achillea ptarmica* subsp. *macrocephala* var. *yezoensis*
ホソバシケチシダ	*Cornopteris banajaoensis*
ホソバシンジュガヤ	*Scleria biflora*
ホソバニガナ	*Ixeridium beauverdianum*
ホソバヒメトラノオ	*Veronica linariifolia*
ホソバママコナ	*Melampyrum setaceum*
ホテイラン	*Calypso bulbosa* var. *speciosa*
ホロムイコウガイ	*Juncus tokubuchii*
マキノシダ	*Asplenium formosae*
マシケゲンゲ	*Oxytropis shokanbetsuensis*
マメナシ	*Pyrus calleryana*
マルバアサガオガラクサ	*Evolvulus alsinoides* var. *rotundifolius*
マルバハタケムシロ	*Lobelia loochooensis*
マルミカンアオイ	*Asarum subglobosum*
マンシュウクロカワスゲ	*Carex peiktusanii*
マンセンカラマツ	*Thalictrum aquilegiifolium* var. *sibiricum*
ミウラハイホラゴケ	*Vandenboschia miuraensis*
ミカワコケシノブ	*Hymenophyllum mikawanum*
ミクリガヤ	*Rhynchospora malasica*
ミスミイ	*Eleocharis acutangula*
ミセバヤ	*Hylotelephium sieboldii* var. *sieboldii*
ミソボシラン	*Vrydagzynea nuda*

ミチノクナシ	*Pyrus ussuriensis* var. *ussuriensis*
ミノシライトソウ	*Chionographis hisauchiana* subsp. *minoensis*
ミミモチシダ	*Acrostichum aureum*
ミヤウチソウ	*Cardamine trifida*
ミヤコジマハナワラビ	*Helminthostachys zeylanica*
ミヤビカンアオイ	*Asarum celsum*
ミヤマコウモリソウ	*Parasenecio farfarifolius* var. *acerinus*
ミヤマスカシユリ	*Lilium maculatum* var. *bukosanense*
ミヤマハンモドキ	*Rhamnus ishidae*
ミョウギシダ	*Goniophlebium someyae*
ムカゴサイシン	*Nervilia nipponica*
ムカゴソウ	*Herminium lanceum*
ムカゴトンボ	*Peristylus flagellifer*
ムサシモ	*Najas ancistrocarpa*
ムニンカラスウリ	*Trichosanthes ovigera* var. *boninensis*
ムニンタイトゴメ	*Sedum japonicum* subsp. *boninense*
ムニンタツナミソウ	*Scutellaria longituba*
ムニンノキ	*Planchonella boninensis*
ムニンヒサカキ	*Eurya boninensis*
ムニンビャクダン	*Santalum boninense*
ムニンフトモモ	*Metrosideros boninensis*
ムニンボウラン	*Luisia boninensis*
ムニンホオズキ	*Lycianthes boninensis*
ムニンホラゴケ	*Crepidomanes bonincola*
ムニンモチ	*Ilex mertensii* var. *beecheyi*
ムニンヤツシロラン	*Gastrodia boninensis*
ムラクモアオイ	*Asarum kumageanum* var. *satakeanum*
ムラサキ	*Lithospermum erythrorhizon*
ムラサキカラマツ	*Thalictrum uchiyamae*
メヘゴ	*Cyathea ogurae*
モイワナズナ	*Draba sachalinensis*
モミジバショウマ	*Astilbe platyphylla*
ヤエヤマカンアオイ	*Asarum yaeyamense*
ヤエヤマネムノキ	*Albizia retusa*
ヤエヤマハマナツメ	*Colubrina asiatica*
ヤエヤマヒメウツギ	*Deutzia yaeyamensis*
ヤクシマイトラッキョウ	*Allium virgunculae* var. *yakushimense*
ヤクシマウラボシ	*Selliguea yakuinsularis*
ヤクシマカワゴロモ	*Hydrobryum puncticulatum*
ヤクシマグミ	*Elaeagnus yakusimensis*
ヤクシマサワハコベ	*Stellaria diversiflora* var. *yakumontana*
ヤクシマシロバナヘビイチゴ	*Fragaria nipponica* var. *yakusimensis*
ヤクシマセントウソウ	*Chamaele decumbens* var. *micrantha*
ヤクシマチドリ	*Platanthera amabilis*

ヤクシマネッタイラン	*Tropidia nipponica* var. *nipponica*
ヤクシマヨウラクツツジ	*Menziesia yakushimensis*
ヤクシマラン	*Apostasia wallichii* var. *nipponica*
ヤクシマリンドウ	*Gentiana yakushimensis*
ヤクタネゴヨウ	*Pinus amamiana*
ヤシャイノデ	*Polystichum neolobatum*
ヤチカンバ	*Betula ovalifolia*
ヤチツツジ	*Chamaedaphne calyculata*
ヤチラン	*Hammarbya paludosa*
ヤツガタケトウヒ	*Picea koyamae*
ヤツガタケナズナ	*Draba oiana*
ヤツシロソウ	*Campanula glomerata* var. *dahurica*
ヤナギバモクセイ	*Osmanthus insularis* var. *okinawensis*
ヤブザクラ	*Prunus hisauchiana*
ヤブヒョウタンボク	*Lonicera linderifolia* var. *linderifolia*
ヤブレガサモドキ	*Syneilesis tagawae*
ヤマオウシノケグサ	*Festuca hondoensis*
ヤマナシウマノミツバ	*Sanicula kaiensis*
ヤマホオズキ	*Physalis chamaesarachoides*
ヤワラケガキ	*Diospyros eriantha*
ヤワラハチジョウシダ	*Pteris natiensis*
ユウバリカニツリ	*Deschampsia cespitosa* var. *levis*
ユウバリキンバイ	*Potentilla matsumurae* var. *yuparensis*
ユウバリコザクラ	*Primula yuparensis*
ユウバリソウ	*Lagotis takedana*
ユウバリリンドウ	*Gentianella amarella* subsp. *yuparensis*
ユキイヌノヒゲ	*Eriocaulon dimorphoelytrum*
ユキクラヌカボ	*Agrostis hideoi*
ユキヨモギ	*Artemisia momiyamae*
ユズリハワダン	*Crepidiastrum ameristophyllum*
ヨウラクヒバ	*Lycopodium phlegmaria*
ヨナクニイソノギク	*Aster asagrayi* var. *walkeri*
ラウススゲ	*Carex stylosa*
ラハオシダ	*Hymenasplenium excisum*
ランダイミズ	*Elatostema platyphyllum*
リシリゲンゲ	*Oxytropis campestris* subsp. *rishiriensis*
リシリハタザオ	*Arabidopsis umezawana*
リシリヒナゲシ	*Papaver fauriei*
リュウキュウキジノオ	*Plagiogyria koidzumii*
リュウキュウサギソウ	*Habenaria pantlingiana*
リュウキュウセッコク	*Eria ovata*
レブンアツモリソウ	*Cypripedium macranthos* var. *rebunense*
レブンサイコ	*Bupleurum ajanense*
レブンソウ	*Oxytropis megalantha*

ロッカクイ	Schoenoplectus mucronatus var. ishizawae
ワタヨモギ	Artemisia gilvescens

絶滅危惧II類(VU)

アオイカズラ	Streptolirion lineare
アオシバ	Garnotia acutigluma
アオツリバナ	Euonymus yakushimensis
アオナシ	Pyrus ussuriensis var. hondoensis
アオホオズキ	Physaliastrum japonicum
アオモリマンテマ	Silene aomorensis
アカスゲ	Carex quadriflora
アカネスゲ	Carex poculisquama
アカバシュスラン	Cheirostylis liukiuensis
アクシバモドキ	Vaccinium yakushimense
アケボノアオイ	Asarum kiusianum var. tubulosum
アサヒエビネ	Calanthe hattorii
アシタカツツジ	Rhododendron komiyamae
アズマシライトソウ	Chionographis hisauchiana subsp. hisauchiana
アズマホシクサ	Eriocaulon takae
アソタカラコウ	Ligularia sibirica
アツイタ	Elaphoglossum yoshinagae
アッケシソウ	Salicornia europaea
アツモリソウ	Cypripedium macranthos var. speciosum
アポイカラマツ	Thalictrum foetidum var. apoiense
アポイタチツボスミレ	Viola sacchalinensis f. alpina
アポイタヌキラン	Carex apoiensis
アポイヤマブキショウマ	Aruncus dioicus var. subrotundus
アマギカンアオイ	Asarum muramatsui var. muramatsui
アマミクラマゴケ	Selaginella limbata
アマミトンボ	Platanthera mandarinorum subsp. hachijoensis var. amamiana
アワコバイモ	Fritillaria muraiana
イイデリンドウ	Gentiana jamesii var. robusta
イオウノボタン	Melastoma candidum var. alessandrense
イシガキキヌラン	Zeuxine gracilis var. sakagutii
イシダテクサタチバナ	Vincetoxicum calcareum
イズカニコウモリ	Parasenecio amagiensis
イズカモメヅル	Vincetoxicum izuense
イズドコロ	Dioscorea izuensis
イズハハコ	Conyza japonica
イズモコバイモ	Fritillaria ayakoana
イソスミレ	Viola grayi
イソニガナ	Ixeridium dentatum subsp. nipponicum
イソマツ	Limonium wrightii var. wrightii
イトイバラモ	Najas yezoensis
イトクズモ	Zannichellia palustris var.indica
イトナルコスゲ	Carex laxa
イトハコベ	Stellaria filicaulis
イトヒキスゲ	Carex remotiuscula
イナトウヒレン	Saussurea inaensis
イナベアザミ	Cirsium magofukui
イヌカタヒバ	Selaginella moellendorffii
イヌセンブリ	Swertia tosaensis
イヌトウキ	Angelica shikokiana var. shikokiana
イヌノフグリ	Veronica polita subsp. lilacina
イヌハギ	Lespedeza tomentosa
イヌフトイ	Schoenoplectus littoralis subsp. subulatus
イブキコゴメグサ	Euphrasia insignis subsp. iinumae var. iinumae
イブキトボシガラ	Festuca parvigluma var. breviaristata
イリオモテガヤ	Chikusichloa brachyanthera
イリオモテムヨウラン	Stereosandra javanica
イワカゲワラビ	Dryopteris laeta
イワカラマツ	Thalictrum sekimotoanum
イワギク	Chrysanthemum zawadskii var. zawadskii
イワギリソウ	Opithandra primuloides
イワタカンアオイ	Asarum kurosawae
イワツクバネウツギ	Zabelia integrifolia
イワホウライシダ	Adiantum ogasawarense
イワヤスゲ	Carex tumidula
イワヨモギ	Artemisia sacrorum
イワレンゲ	Orostachys malacophylla var. iwarenge
ウエマツソウ	Sciaphila secundiflora
ウキミクリ	Sparganium gramineum
ウスカワゴロモ	Hydrobryum floribundum
ウスバシケシダ	Deparia longipes
ウスバヒョウタンボク	Lonicera cerasina
ウチョウラン	Orchis graminifolia var. graminifolia
ウミショウブ	Enhalus acoroides
ウメウツギ	Deutzia uniflora
ウラジロキンバイ	Potentilla nivea
ウラジロミツバツツジ	Rhododendron osuzuyamense
ウラホロイチゲ	Anemone amurensis
ウンゼンカンアオイ	Asarum unzen
ウンゼンマンネングサ	Sedum polytrichoides
ウンヌケ	Eulalia speciosa
エゾオトギリ	Hypericum yezoense
エゾキヌタソウ	Galium boreale var. kamtschaticum

エゾサンザシ	*Crataegus jozana*	オガコウモリ	*Parasenecio ogamontanus*
エゾシモツケ	*Spiraea sericea*	オガサワラクチナシ	*Gardenia boninensis*
エゾタカネニガナ	*Crepis gymnopus*	オガサワラシコウラン	*Bulbophyllum boninense*
エゾナミキ	*Scutellaria yezoensis*	オガサワラツルキジノオ	*Lomariopsis boninensis*
エゾジャニンジン	*Cardamine schinziana*	オガサワラボチョウジ	*Psychotria homalosperma*
エゾヒモカズラ	*Selaginella sibirica*	オガサワラモクレイシ	*Geniostoma glabrum*
エゾハナシノブ	*Polemonium caeruleum* subsp. *yezoense* var. *yezoense*	オキナグサ	*Pulsatilla cernua*
		オキナワギク	*Aster miyagii*
エゾヒメアマナ	*Gagea vaginata*	オキナワコウバシ	*Lindera communis* var. *okinawensis*
エゾヒメクワガタ	*Veronica stelleri* var. *longistyla*		
エゾヒョウタンボク	*Lonicera alpigena* subsp. *glehnii* var. *glehnii*	オキナワソケイ	*Jasminum sinense*
		オキナワチドリ	*Amitostigma lepidum*
エゾベニヒツジグサ	*Nymphaea tetragona* var. *erythrostigmatica*	オキナワツゲ	*Buxus liukiuensis*
		オキナワマツバボタン	*Portulaca okinawensis*
エゾマンテマ	*Silene foliosa*	オキナワミゾイチゴツナギ	*Poa acroleuca* var. *ryukyuensis*
エゾミズタマソウ	*Circaea lutetiana* subsp. *quadrisulcata*	オキナワヤブムラサキ	*Callicarpa oshimensis* var. *okinawensis*
エゾミヤマクワガタ	*Veronica schmidtiana* subsp. *senanensis* var. *yezoalpina*	オクタマシダ	*Asplenium pseudowilfordii*
		オグラコウホネ	*Nuphar oguraensis*
エゾムグラ	*Galium manshuricum*	オグラセンノウ	*Silene kiusiana*
エゾムラサキツツジ	*Rhododendron dauricum*	オグラノフサモ	*Myriophyllum oguraense*
エゾヨモギギク	*Tanacetum vulgare*	オサラン	*Eria japonica*
エチゼンダイモンジソウ	*Saxifraga acerifolia*	オゼコウホネ	*Nuphar pumila* var. *ozeensis*
エッチュウミセバヤ	*Hylotelephium sieboldii* var. *ettyuense*	オゼソウ	*Japonolirion osense*
		オゼヌマアザミ	*Cirsium homolepis*
エビガラシダ	*Cheilanthes chusana*	オチフジ	*Meehania montis-koyae*
エヒメアヤメ	*Iris rossii*	オトメシダ	*Asplenium tenerum*
エンビセンノウ	*Silene wilfordii*	オナガエビネ	*Calanthe masuca*
オオアカバナ	*Epilobium hirsutum*	オナモミ	*Xanthium strumarium*
オオアブノメ	*Gratiola japonica*	オニイノデ	*Polystichum rigens*
オオアマモ	*Zostera asiatica*	オニオトコヨモギ	*Artemisia congesta*
オオイシカグマ	*Microlepia speluncae*	オニカンアオイ	*Asarum yakusimense*
オオイワインチン	*Chrysanthemum pallasianum*	オニバス	*Euryale ferox*
オオギミシダ	*Woodwardia harlandii*	オニヒョウタンボク	*Lonicera vidalii*
オオクサアジサイ	*Cardiandra moellendorffii*	オノエスゲ	*Carex tenuiformis*
オオクリハラン	*Neolepisorus fortunei*	オノエテンツキ	*Fimbristylis fusca*
オオサンカクイ	*Actinoscirpus grossus*	カイジンドウ	*Ajuga ciliata* var. *villosior*
オオシマガマズミ	*Viburnum tashiroi*	カイフウロ	*Geranium shikokianum* var. *kaimontanum*
オオシマノジギク	*Chrysanthemum crassum*		
オオシロショウジョウバカマ	*Helonias leucantha*	カガシラ	*Diplacrum caricinum*
オオタニワタリ	*Asplenium antiquum*	カクチョウラン	*Phaius tankervilleae*
オオチダケサシ	*Astilbe rubra*	カシノキラン	*Gastrochilus japonicus*
オオトキワイヌビワ	*Ficus nishimurae*	ガッサントリカブト	*Aconitum gassanense*
オオハクウンラン	*Kuhlhasseltia nakaiana* var. *fissa* (in schedule)	カトウハコベ	*Arenaria katoana*
		カネコシダ	*Gleichenia laevissima*
オオバケエゴノキ	*Styrax japonica* var. *tomentosa*	カノコユリ	*Lilium speciosum* var. *speciosum*
オオハコベ	*Stellaria bungeana*	カミコウチテンナンショウ	*Arisaema ishizuchiense* subsp. *brevicollum*
オオハマギギョウ	*Lobelia boninensis*		
オオヒキヨモギ	*Siphonostegia laeta*	カラフトアザミ	*Saussurea acuminata* var. *sachalinensis*
オオヒラウスユキソウ	*Leontopodium miyabeanum*		
オオミクリ	*Sparganium eurycarpum* subsp. *coreanum*	カラフトイチヤクソウ	*Pyrola faurieana*
		カラフトカサスゲ	*Carex rostrata* var. *rostrata*
オオヤマカタバミ	*Oxalis obtriangulata*		
オガアザミ	*Cirsium horiianum*	カラフトノダイオウ	*Rumex gmelinii*

カラフトホシクサ	*Eriocaulon sachalinense*
カワゴロモ	*Hydrobryum japonicum*
カワゼンゴ	*Angelica tenuisecta* var. *tenuisecta*
カワチスズシロソウ	*Arabis flagellosa* var. *kawachiensis*
カワラウスユキソウ	*Leontopodium japonicum* var. *perniveum*
カワラノギク	*Aster kantoensis*
カワリバアマクサシダ	*Pteris cadieri*
カンエンガヤツリ	*Cyperus exaltatus* var. *iwasakii*
ガンゼキラン	*Phaius flavus*
キイイトラッキョウ	*Allium kiiense*
キイジョウロウホトトギス	*Tricyrtis macranthopsis*
キキョウ	*Platycodon grandiflorus*
キクシノブ	*Humata repens*
キシュウナキリスゲ	*Carex nachiana*
キセワタ	*Leonurus macranthus*
キタザワブシ	*Aconitum nipponicum* subsp. *micranthum*
キタダケソウ	*Callianthemum hondoense*
キタダケトラノオ	*Veronica kiusiana* var. *kitadakemontana*
キタノコギリソウ	*Achillea alpina* subsp. *japonica*
キタミソウ	*Limosella aquatica*
キドイノモトソウ	*Pteris kidoi*
キナンカンアオイ	*Asarum fauriei* var. *austrokiiensis* (in schedule)
キノクニスズカケ	*Veronicastrum tagawae*
キバナイソマツ	*Limonium wrightii* var. *luteum*
キバナサバノオ	*Dichocarpum pterigionocaudatum*
キバナノアツモリソウ	*Cypripedium yatabeanum*
キバナノホトトギス	*Tricyrtis flava* subsp. *flava*
キビノクロウメモドキ	*Rhamnus yoshinoi*
キビヒトリシズカ	*Chloranthus fortunei*
キョウマルシャクナゲ	*Rhododendron japonoheptamerum* var. *kyomaruense*
キリシマシャクジョウ	*Burmannia liukiuensis*
キリシマミツバツツジ	*Rhododendron nudipes* var. *kirishimense*
キレンゲショウマ	*Kirengeshoma palmata*
キンセイラン	*Calanthe nipponica*
キンチャクアオイ	*Asarum hexalobum* var. *perfectum*
キンモウワラビ	*Hypodematium crenatum* subsp. *fauriei*
キンラン	*Cephalanthera falcata*
キンロバイ	*Potentilla fruticosa* var. *rigida*
クゲヌマラン	*Cephalanthera longifolia*
クサナギオゴケ	*Vincetoxicum katoi*
クサノオウバノギク	*Crepidiastrum chelidoniifolium*
クシロハナシノブ	*Polemonium caeruleum* subsp. *laxiflorum* var. *paludosum*
クシロホシクサ	*Eriocaulon kusiroense*
クシロワチガイソウ	*Pseudostellaria sylvatica*
クスノハカエデ	*Acer oblongum* subsp.*itoanum*
クマガイソウ	*Cypripedium japonicum*
クモイイカリソウ	*Epimedium koreanum* var. *coelestre*
クモイコザクラ	*Primula reinii* var. *kitadakensis*
クモイナズナ	*Arabis tanakana*
クモマナズナ	*Draba nipponica*
クリイロスゲ	*Carex diandra*
クリヤマハハコ	*Anaphalis sinica* var. *viscosissima*
クロイヌノヒゲモドキ	*Eriocaulon atroides*
クロガネシダ	*Asplenium coenobiale*
クロコウガイゼキショウ	*Juncus castaneus*
クロバナキハギ	*Lespedeza melanantha*
クロバナハンショウヅル	*Clematis fusca*
クロビイタヤ	*Acer miyabei* var. *miyabei*
クロヒメシライトソウ	*Chionographis hisauchiana* subsp. *kurohimensis*
クロホシクサ	*Eriocaulon parvum*
クロミノシンジュガヤ	*Scleria sumatrensis*
クワイバカンアオイ	*Asarum kumageanum* var. *kumageanum*
グンバイヅル	*Veronica onoei*
ケスナヅル	*Cassytha pubescens*
ケミズキンバイ	*Ludwigia adscendens*
ケラマツツジ	*Rhododendron scabrum*
ケルリソウ	*Trigonotis radicans* var. *radicans*
ゲンカイイワレンゲ	*Orostachys malacophylla* var. *malacophylla*
コアニチドリ	*Amitostigma kinoshitae*
コイブキアザミ	*Cirsium confertissimum*
コイワザクラ	*Primula reinii* var. *reinii*
コウシュンウマノスズクサ	*Aristolochia zollingeriana*
コウシュンシダ	*Microlepia obtusiloba* var. *obtusiloba*
コウシンソウ	*Pinguicula ramosa*
コウトウシュウカイドウ	*Begonia fenicis*
コウトウシラン	*Spathoglottis plicata*
コウライイヌワラビ	*Deparia coreana*
コウライトモエソウ	*Hypericum ascyron* var. *longistylum*
コウリンカ	*Tephroseris flammea* subsp. *glabrifolia*
コオロギラン	*Stigmatodactylus sikokianus*
コキクモ	*Limnophila indica*
コギシギシ	*Rumex dentatus* subsp. *nipponicus*
コキツネノボタン	*Ranunculus chinensis*
コケカタヒバ	*Selaginella leptophylla*
コケコゴメグサ	*Euphrasia kisoalpina*
コケタンポポ	*Solenogyne mikadoi*

コゴメカラマツ	*Thalictrum microspermum*
コシキギク	*Aster koshikiensis*
コジマエンレイソウ	*Trillium smallii*
コショウジョウバカマ	*Helonias kawanoi*
コスギニガナ	*Ixeridium yakuinsulare*
コチョウインゲン	*Vigna adenantha*
コツブヌマハリイ	*Eleocharis parvinux*
コナミキ	*Scutellaria guilielmii*
コバナガンクビソウ	*Carpesium faberi*
コバノアカテツ	*Planchonella obovata* var. *dubia*
コバノクロヅル	*Tripterygium doianum*
コバノヒルムシロ	*Potamogeton cristatus*
コバノミヤマノボタン	*Bredia okinawensis*
コマイワヤナギ	*Salix rupifraga*
ゴマクサ	*Centranthera cochinchinensis* subsp. *lutea*
ゴマノハグサ	*Scrophularia buergeriana*
コミダケシダ	*Ctenitis iriomotensis*
コモチイノデ	*Polystichum anomalum*
コモチレンゲ	*Orostachys malacophylla* var. *boehmeri*
コンジキヤガラ	*Gastrodia javanica*
サイコクイカリソウ	*Epimedium diphyllum* subsp. *kitamuranum*
サイコクヌカボ	*Persicaria foliosa* var. *nikaii*
サカイツツジ	*Rhododendron lapponicum* subsp. *parvifolium*
サカネラン	*Neottia nidus-avis* var. *mandshurica*
サカバサトメシダ	*Athyrium palustre*
サガミトリゲモ	*Najas chinensis*
サカワサイシン	*Asarum sakawanum* var. *sakawanum*
サクノキ	*Meliosma arnottiana* subsp. *oldhamii* var. *hachijoensis*
サクラガンピ	*Diplomorpha pauciflora*
ササエビモ	*Potamogeton nitens*
サツマハチジョウシダ	*Pteris satsumana*
サツママアザミ	*Cirsium sieboldii* subsp. *austrokiushianum*
サドアザミ	*Cirsium nipponicum* var. *sadoense*
サナギイチゴ	*Rubus pungens* var. *oldhamii*
サヤマスゲ	*Carex hashimotoi*
ザラツキギボウシ	*Hosta kikutii* var. *scabrinervia*
サルゾコミョウガ	*Pollia secundiflora*
サルメンエビネ	*Calanthe tricarinata*
サンイントラノオ	*Veronica ogurae*
サンショウバラ	*Rosa hirtula*
サンショウモ	*Salvinia natans*
シオン	*Aster tataricus*
シコクカッコソウ	*Primula kisoana* var. *shikokiana*
シコクシモツケソウ	*Filipendula tsuguwoi*
シコクフクジュソウ	*Adonis shikokuensis*
シコタンスゲ	*Carex scita* var. *scabrinervia*
シコタンハコベ	*Stellaria ruscifolia*
シコタンヨモギ	*Artemisia tanacetifolia*
シンシンラン	*Lysionotus pauciflorus*
シソバキスミレ	*Viola yubariana*
シチメンソウ	*Suaeda japonica*
シナクスモドキ	*Cryptocarya chinensis*
シナノアキギリ	*Salvia koyamae*
シナミズニラ	*Isoetes sinensis* var. *sinensis*
シナヤブコウジ	*Ardisia chinensis*
シノノメソウ	*Swertia swertopsis*
シビカナワラビ	*Arachniodes hekiana*
シブカワツツジ	*Rhododendron sanctum* var. *lasiogynum*
シマアケボノソウ	*Swertia makinoana*
シマイガクサ	*Rhynchospora boninensis*
シマガマズミ	*Viburnum brachyandrum*
シマギョクシンカ	*Tarenna subsessilis*
シマジャク	*Diplazium longicarpum*
シマクマタケラン	*Alpinia boninsimensis*
シマゴショウ	*Peperomia boninsimensis*
シマササバラン	*Liparis formosana* var. *hachijoensis*
シマジタムラソウ	*Salvia isensis*
シマシュスラン	*Goodyera viridiflora*
シマタイミンタチバナ	*Myrsine maximowiczii*
シマバライチゴ	*Rubus lambertianus*
シマムロ	*Juniperus taxifolia* var. *taxifolia*
シムラニンジン	*Pterygopleurum neurophyllum*
シャクナンガンピ	*Daphnimorpha kudoi*
ジョウロウスゲ	*Carex capricornis*
ジョウロウホトトギス	*Tricyrtis macrantha*
シライワシャジン	*Adenophora nikoensis* var. *teramotoi*
シラオイエンレイソウ	*Trillium hagae*
シラタマホシクサ	*Eriocaulon nudicuspe*
シラトリシャジン	*Adenophora uryuensis*
シロウマチドリ	*Platanthera hyperborea*
シロエゾホシクサ	*Eriocaulon pallescens*
シロホンモンジスゲ	*Carex polyschoena*
シロミノハリイ	*Eleocharis margaritacea*
ジングウツツジ	*Rhododendron sanctum* var. *sanctum*
スギラン	*Lycopodium cryptomerinum*
スジヌマハリイ	*Eleocharis equisetiformis*
スズフリホンゴウソウ	*Sciaphila ramosa*
スズメハコベ	*Microcarpaea minima*
ステゴビル	*Caloscordum inutile*
スブタ	*Blyxa echinosperma*
セキショウイ	*Juncus covillei* var. *covillei*
セキモンスゲ	*Carex toyoshimae*
センウズモドキ	*Aconitum jaluense* subsp. *iwatekense*
ソナレセンブリ	*Swertia noguchiana*

ソナレマツムシソウ	*Scabiosa japonica* var. *lasiophylla*
ソハヤキミズ	*Pilea swinglei*
ソラチコザクラ	*Primula sorachiana*
ダイセツヒナオトギリ	*Hypericum yojiroanum*
ダイセンカラマツ	*Thalictrum aquilegiifolium* var. *daisenense*
ダイトウセイシボク	*Excoecaria formosana* var. *daitoinsularis*
タイホクスゲ	*Carex taihokuensis*
タイワンクリハラン	*Colysis hemionitidea*
タイワンスゲ	*Carex formosensis*
タイワントリアシ	*Boehmeria formosana*
タイワンハシゴシダ	*Thelypteris castanea*
タイワンヒメワラビ	*Acrophorus nodosus*
タカサゴソウ	*Ixeris chinensis* subsp. *strigosa*
タガソデソウ	*Cerastium pauciflorum* var. *amurense*
タカチホガラシ	*Cardamine kiusiana*
タカネクロスゲ	*Scirpus maximowiczii*
タカネソモソモ	*Festuca takedana*
タカネタチチゴツナギ	*Poa glauca* var. *glauca*
タカネトリカブト	*Aconitum zigzag*
タカネトンボ	*Platanthera chorisiana*
タカネナルコ	*Carex siroumensis*
タカネママコナ	*Melampyrum laxum* var. *arcuatum*
タカネミミナグサ	*Cerastium rubescens* var. *koreanum*
タキユリ	*Lilium speciosum* var. *clivorum*
ダケスゲ	*Carex paupercula*
タジマタムラソウ	*Salvia omerocalyx*
タチアマモ	*Zostera caulescens*
タチゲヒカゲミズ	*Parietaria micrantha* var. *coreana*
タチスミレ	*Viola raddeana*
タチハコベ	*Moehringia trinervia*
タマカラマツ	*Thalictrum watanabei*
タマノカンアオイ	*Asarum tamaense*
タルマイスゲ	*Carex buxbaumii*
ダルマエビネ	*Calanthe alismifolia*
ダンギク	*Caryopteris incana*
チイサンウシノケグサ	*Festuca chiisanensis*
チケイラン	*Liparis bootanensis*
チシマウスバスミレ	*Viola hultenii*
チシマコハマギク	*Chrysanthemum arcticum* subsp. *yezoense*
チシマツガザクラ	*Bryanthus gmelinii*
チシマヒョウタンボク	*Lonicera chamissoi*
チシママツバイ	*Eleocharis acicularis* var. *acicularis*
チシマミズハコベ	*Callitriche hermaphroditica*
チトセカズラ	*Gardneria multiflora*
チドリケマン	*Corydalis kushiroensis*
チャボイ	*Eleocharis parvula*
チャボカラマツ	*Thalictrum foetidum* var. *glabrescens*
チャボシライトソウ	*Chionographis koidzumiana* var. *koidzumiana*
チャボツメレンゲ	*Meterostachys sikokianus*
チャボハナヤスリ	*Ophioglossum parvum*
チョウカイフスマ	*Arenaria merckioides* var. *chokaiensis*
チョウセンキハギ	*Lespedeza maximowiczii*
チョウセンキンミズヒキ	*Agrimonia coreana*
チョウセンナニワズ	*Daphne koreana*
ツガルミセバヤ	*Hylotelephium ussuriense* var. *tsugaruense*
ツキヌキソウ	*Triosteum sinuatum*
ツクシアオイ	*Asarum kiusianum* var. *kiusianum*
ツクシガヤ	*Chikusichloa aquatica*
ツクシクガイソウ	*Veronicastrum sibiricum* var. *zuccarinii*
ツクシクロイヌノヒゲ	*Eriocaulon kiusianum*
ツクシタンポポ	*Taraxacum kiushianum*
ツクシテンツキ	*Fimbristylis dichotoma* subsp. *podocarpa*
ツクシトウキ	*Angelica pseudoshikokiana*
ツクシトラノオ	*Veronica kiusiana* var. *kiusiana*
ツクシフウロ	*Geranium soboliferum* var. *kiusianum*
ツシマスゲ	*Carex tsushimensis*
ツチグリ	*Potentilla discolor*
ツツイトモ	*Potamogeton pusillus*
ツルカコソウ	*Ajuga shikotanensis*
ツルギキョウ	*Campanumoea javanica* var. *japonica*
ツルラン	*Calanthe triplicata*
ツルワダン	*Ixeris longirostra*
テシオコザクラ	*Primula takedana*
テバコマンテマ	*Silene yanoei*
テバコワラビ	*Athyrium atkinsonii*
デンジソウ	*Marsilea quadrifolia*
テンノウメ	*Osteomeles anthyllidifolia* var. *subrotunda*
テンリュウヌリトラノオ	*Asplenium shimurae*
トウゴクヘラオモダカ	*Alisma rariflorum*
トウテイラン	*Veronica ornata*
トガサワラ	*Pseudotsuga japonica*
トカチスグリ	*Ribes triste*
トカラカンスゲ	*Carex conica* var. *scabrocaudata*
トキホコリ	*Elatostema densiflorum*
トクノシマカンアオイ	*Asarum simile*
トゲウミヒルモ	*Halophila decipiens*
トケンラン	*Cremastra unguiculata*
トサコバイモ	*Fritillaria shikokiana*
トサトウヒレン	*Saussurea yoshinagae*

トサノミゾシダモドキ	*Thelypteris flexilis*	ノタヌキモ	*Utricularia aurea*
トサボウフウ	*Angelica yoshinagae*	ノハラテンツキ	*Fimbristylis pierotii*
トサムラサキ	*Callicarpa shikokiana*	ノヤシ	*Clinostigma savoryanum*
トダイアカバナ	*Epilobium platystigmatosum*	バアソブ	*Codonopsis ussuriensis*
トダイハハコ	*Anaphalis sinica* var. *pernivea*	バイケイラン	*Corymborkis veratrifolia*
トネテンツキ	*Fimbristylis stauntonii* var. *tonensis*	ハガクレカナワラビ	*Arachniodes yasu-inouei* var. *yasu-inouei*
トネハナヤスリ	*Ophioglossum namegatae*	ハコネグミ	*Elaeagnus matsunoana*
トモシリソウ	*Cochlearia oblongifolia*	ハコネコメツツジ	*Rhododendron tsusiophyllum*
トリゲモ	*Najas minor*	ハコネラン	*Ephippianthus sawadanus*
ドロニガナ	*Ixeridium dentatum* subsp. *kitayamense*	ハゴロモグサ	*Alchemilla japonica*
		バシクルモン	*Apocynum venetum* var. *basikurumon*
ナガサキギボウシ	*Hosta tsushimensis* var. *tibae*		
ナガバカラマツ	*Thalictrum integrilobum*	ハシナガカンスゲ	*Carex phaeodon*
ナガバサンショウソウ	*Pellionia yosiei*	ハタベカンガレイ	*Schoenoplectus gemmifer*
ナガバトンボソウ	*Platanthera tipuloides* subsp. *linearifolia*	ハチジョウコゴメグサ	*Euphrasia hachijoensis*
		ハツバキ	*Drypetes integerrima*
ナガバノイシモチソウ	*Drosera indica*	ハナガガシ	*Quercus hondae*
ナガバノモウセンゴケ	*Drosera anglica*	**ハナノキ**	*Acer pycnanthum*
ナガバハグマ	*Ainsliaea oblonga* var. *oblonga*	ハナビスゲ	*Carex cruciata*
ナギラン	*Cymbidium nagifolium*	ハナヒョウタンボク	*Lonicera maackii*
ナツエビネ	*Calanthe puberula* var. *puberula*	ハナムグラ	*Galium tokyoense*
ナベクラザゼンソウ	*Symplocarpus nabekuraensis*	ハハコモギ	*Artemisia glomerata*
ナヨナヨコゴメグサ	*Euphrasia microphylla*	ハハジマトベラ	*Pittosporum beecheyi*
ナンカイアオイ	*Asarum nipponicum* var. *nankaiense*	ハハジマホラゴケ	*Abrodictyum boninense*
		ハマウツボ	*Orobanche coerulescens*
ナンカイシダ	*Asplenium micantifrons*	ハマカキラン	*Epipactis papillosa* var. *sayekiana*
ナンゴクアオイ	*Asarum crassum*		
ナンゴククガイソウ	*Veronicastrum japonicum* var. *australe*	ハマクワガタ	*Veronica javanica*
		ハマサワヒヨドリ	*Eupatorium lindleyanum* var. *yasushii*
ナンゴクシケチシダ	*Cornopteris opaca*		
ナンゴクミツバツツジ	*Rhododendron mayebarae* var. *mayebarae*	ハマジンチョウ	*Myoporum bontioides*
		ハマトラノオ	*Veronica sieboldiana*
ナンゴクモクセイ	*Osmanthus enervius*	ハマナツメ	*Paliurus ramosissimus*
ナンバンキンギンソウ	*Goodyera grandis*	ハマネナシカズラ	*Cuscuta chinensis*
ナンブワチガイソウ	*Pseudostellaria japonica*	ハリママムシグサ	*Arisaema minus*
ニセシロヤマシダ	*Diplazium taiwanense*	ハルカラマツ	*Thalictrum baicalense*
ヌイオスゲ	*Carex vanheurckii*	ハルザキヤツシロラン	*Gastrodia nipponica*
ヌカボタデ	*Persicaria taquetii*	ヒキノカサ	*Ranunculus ternatus* var. *ternatus*
ヌマアゼスゲ	*Carex cinerascens*		
ヌマクロボスゲ	*Carex meyeriana*	ヒゴシオン	*Aster maackii*
ヌマゼリ	*Sium suave* var. *nipponicum*	ヒゴタイ	*Echinops setifer*
ヌマドジョウツナギ	*Glyceria spiculosa*	ヒダアザミ	*Cirsium tashiroi* var. *hidaense*
ヌマハコベ	*Montia fontana*	**ヒダカイワザクラ**	*Primula hidakana* var. *hidakana*
ネコヤマヒゴタイ	*Saussurea modesta*		
ネムロコウホネ	*Nuphar pumila* var. *pumila*	ヒダカトウヒレン	*Saussurea kudoana*
ネムロシオガマ	*Pedicularis schistostegia*	ヒダカミセバヤ	*Hylotelephium cauticola* f. *cauticola*
ネムロブシダマ	*Lonicera chrysantha* var. *crassipes*		
		ヒダカミネヤナギ	*Salix nakamurana* subsp. *kurilensis*
ネムロホシクサ	*Eriocaulon glaberrimum*		
ノカラマツ	*Thalictrum simplex* var. *brevipes*	ヒダカミヤマノエンドウ	*Oxytropis retusa*
ノジトラノオ	*Lysimachia barystachys*	ヒトツバタゴ	*Chionanthus retusus*
ノスゲ	*Carex tashiroana*	ヒナシャジン	*Adenophora maximowicziana*
ノダイオウ	*Rumex longifolius*	ヒナチドリ	*Orchis chidori*

ヒナワチガイソウ	*Pseudostellaria heterantha* var. *linearifolia*
ヒメアゼスゲ	*Carex eleusinoides*
ヒメイワタデ	*Aconogonon ajanense*
ヒメウラジロ	*Cheilanthes argentea*
ヒメカンガレイ	*Schoenoplectus mucronatus* var. *mucronatus*
ヒメキセワタ	*Lamium tuberiferum*
ヒメキンポウゲ	*Halerpestes kawakamii*
ヒメコウホネ	*Nuphar subintegerrima*
ヒメコウモリソウ	*Parasenecio shikokianus*
ヒメシシラン	*Haplopteris ensiformis*
ヒメシロアサザ	*Nymphoides coreana*
ヒメタデ	*Persicaria erectominor* var. *erectominor*
ヒメツルコケモモ	*Vaccinium microcarpum*
ヒメドクサ	*Equisetum scirpoides*
ヒメトケンラン	*Tainia laxiflora*
ヒメナエ	*Mitrasacme indica*
ヒメノボタン	*Osbeckia chinensis*
ヒメノヤガラ	*Chamaegastrodia sikokiana*
ヒメハナワラビ	*Botrychium lunaria*
ヒメバラモミ	*Picea maximowiczii*
ヒメヒゴタイ	*Saussurea pulchella*
ヒメビシ	*Trapa incisa*
ヒメフトモモ	*Syzygium cleyerifolium*
ヒメホウビシダ	*Athyrium nakanoi*
ヒメホテイラン	*Calypso bulbosa* var. *bulbosa*
ヒメホングウシダ	*Lindsaea cambodgensis*
ヒメマサキ	*Euonymus boninensis*
ヒメマツカサススキ	*Scirpus karuisawensis*
ヒメミクリ	*Sparganium subglobosum*
ヒメミズトンボ	*Habenaria linearifolia* var. *brachycentra*
ヒメムヨウラン	*Neottia acuminata*
ヒモヅル	*Lycopodium casuarinoides*
ヒュウガアジサイ	*Hydrangea serrata* var. *minamitanii*
ヒュウガトウキ	*Angelica tenuisecta* var. *furcijuga*
ヒラモ	*Vallisneria natans* var. *higoensis*
ヒルギダマシ	*Avicennia marina*
ヒルゼンスゲ	*Carex impura*
ピレオギク	*Chrysanthemum weyrichii*
ビロードムラサキ	*Callicarpa kochiana*
ヒロハアツイタ	*Elaphoglossum tosaense*
ヒロハケニオイグサ	*Hedyotis verticillata*
ヒロハスギナモ	*Hippuris tetraphylla*
ヒロハトンボソウ	*Platanthera fuscescens*
ヒロハノアマナ	*Amana erythronioides*
ヒロハノカワラサイコ	*Potentilla niponica*
ヒロハマツナ	*Suaeda malacosperma*
ヒンジモ	*Lemna trisulca*
フウラン	*Neofinetia falcata*
フォーリーアザミ	*Saussurea fauriei*

フガクスズムシソウ	*Liparis fujisanensis*
フキヤミツバ	*Sanicula tuberculata*
フサカンスゲ	*Carex tokarensis*
フサスギナ	*Equisetum sylvaticum*
フジタイゲキ	*Euphorbia watanabei* subsp. *watanabei*
フジノカンアオイ	*Asarum fudsinoi*
フタマタイチゲ	*Anemone dichotoma*
フナバラソウ	*Vincetoxicum atratum*
ブンゴウツギ	*Deutzia zentaroana*
ヘイケイヌワラビ	*Athyrium eremicola*
ベニバナヒョウタンボク	*Lonicera sachalinensis*
ベニバナヤマシャクヤク	*Paeonia obovata*
ヘラナレン	*Crepidiastrum linguifolium*
ホウヨカモメヅル	*Vincetoxicum hoyoense*
ホザキシオガマ	*Pedicularis spicata*
ホザキマスクサ	*Carex angustealata* (in schedule)
ホソバウキミクリ	*Sparganium angustifolium*
ホソバオグルマ	*Inula linariifolia*
ホソバシャクナゲ	*Rhododendron makinoi*
ホソバシロスミレ	*Viola patrinii* var. *angustifolia*
ホソバツルリンドウ	*Pterygocalyx volubilis*
ホソバトウキ	*Angelica stenoloba*
ホソバノギク	*Aster sohayakiensis*
ホソバノシバナ	*Triglochin palustris*
ホソバヒナウスユキソウ	*Leontopodium fauriei* var. *angustifolium*
ホソバヒルムシロ	*Potamogeton alpinus*
ホソバムカシヨモギ	*Erigeron acer* var. *linearifolius*
ホソバヤマジソ	*Mosla chinensis*
ボロジノニシキソウ	*Chamaesyce sparrmannii*
ホロムイクグ	*Carex tsuishikarensis*
ホンゴウソウ	*Sciaphila nana*
マイヅルテンナンショウ	*Arisaema heterophyllum*
マシケレイジンソウ	*Aconitum mashikense*
マツノハマンネングサ	*Sedum hakonense*
マツバシバ	*Aristida boninensis*
マツモトセンノウ	*Silene sieboldii*
マツラン	*Gastrochilus matsuran*
マメゴケシダ	*Didymoglossum motleyi*
マメヒサカキ	*Eurya minutissima*
マヤラン	*Cymbidium macrorhizon*
マルバウマノスズクサ	*Aristolochia contorta*
マルバオモダカ	*Caldesia parnassiifolia*
マルバコゴメグサ	*Euphrasia insignis* subsp. *insignis* var. *nummularia*
マルバシマザクラ	*Hedyotis hookeri*
マルバチャルメルソウ	*Mitella nuda*
マルバテイショウソウ	*Ainsliaea fragrans*
マルバノサワトウガラシ	*Deinostema adenocaulum*
マルミスブタ	*Blyxa aubertii*
ミカワイヌノヒゲ	*Eriocaulon mikawanum* var. *mikawanum*

ミカワシオガマ	*Pedicularis resupinata* subsp. *oppositifolia* var. *microphylla*	ムニンテンツキ	*Fimbristylis longispica* var. *boninensis*
ミカワシンジュガヤ	*Scleria mikawana*	ムニンハマウド	*Angelica boninensis*
ミカワタヌキて	*Utricularia exoleta*	ムニンベニシダ	*Dryopteris insularis*
ミカワバイケイソウ	*Veratrum stamineum* var. *micranthum*	ムニンヤツデ	*Fatsia oligocarpella*
ミギワガラシ	*Rorippa globosa*	ムラサキツリガネツツジ	*Menziesia lasiophylla*
ミギワトダシバ	*Arundinella riparia*	ムラサキベンケイソウ	*Hylotelephium pallescens*
ミコシギク	*Leucanthemella linearis*	メアカンキンバイ	*Potentilla miyabei*
ミシマサイコ	*Bupleurum scorzonerifolium* var. *stenophyllum*	モクビャクコウ	*Crossostephium chinense*
ミズオオバコ	*Ottelia alismoides*	モミラン	*Gastrochilus toramanus*
ミズカシグサ	*Rotala rosea*	ヤエヤマアオキ	*Morinda citrifolia*
ミズキンバイ	*Ludwigia peploides* subsp. *stipulacea*	ヤエヤマスズコウジュ	*Suzukia luchuensis*
ミズタカモジ	*Elymus humidus*	ヤエヤマネコノチチ	*Rhamnella franguloides* var. *inaequilatera*
ミズトラノオ	*Pogostemon yatabeanus*	ヤエヤマヒトツボクロ	*Nervilia aragoana*
ミズトンボ	*Habenaria sagittifera*	ヤクシマアカシュスラン	*Hetaeria yakusimensis*
ミズニラモドキ	*Isoetes pseudojaponica*	ヤクシマカナワラビ	*Arachniodes cavalerii*
ミズマツバ	*Rotala mexicana*	ヤクシマカラスザンショウ	*Zanthoxylum yakumontanum*
ミチノクコザクラ	*Primula cuneifolia* var. *heterodonta*	ヤクシマカラマツ	*Thalictrum tuberiferum* var. *yakusimense*
ミチノクサイシン	*Asarum fauriei* var. *fauriei*	ヤクシマシオガマ	*Pedicularis ochiaiana*
ミツモリミミナグサ	*Cerastium arvense* var. *ovatum*	ヤクシマシソバタツナミ	*Scutellaria kuromidakensis*
ミドリハナワラビ	*Botrychium triangularifolium*	ヤクシマシライトソウ	*Chionographis japonica* var. *yakusimensis*
ミノコバイモ	*Fritillaria japonica*	ヤクシマノガリヤス	*Calamagrostis masamunei*
ミヤケスゲ	*Carex subumbellata*	ヤクシマノダケ	*Angelica yakusimensis*
ミヤコジマツルマメ	*Glycine koidzumii*	ヤクシマハチジョウシダ	*Pteris yakuinsularis*
ミヤマアオイ	*Asarum fauriei* var. *nakaianum*	ヤクシマヒヨドリ	*Eupatorium yakushimense*
ミヤマイワスゲ	*Carex odontostoma*	ヤクシマミツバツツジ	*Rhododendron yakumontanum*
ミヤマカニツリ	*Trisetum koidzumianum*	ヤクシマヤマツツジ	*Rhododendron yakuinsulare*
ミヤマガンピ	*Diplomorpha albiflora*	ヤクシマヤマムグラ	*Galium pogonanthum* var. *yakumontanum*
ミヤマキタアザミ	*Saussurea franchetii*	ヤチコタヌキモ	*Utricularia ochroleuca*
ミヤマシロバイ	*Symplocos sonoharae*	ヤチスギナ	*Equisetum pratense*
ミヤマツチトリモチ	*Balanophora nipponica*	ヤナギタウコギ	*Bidens cernua*
ミヤマハシカンボク	*Blastus cochinchinensis*	ヤナギニガナ	*Ixeridium laevigatum*
ミヤマハナシノブ	*Polemonium caeruleum* subsp. *yezoense* var. *nipponicum*	ヤナギヌカボ	*Persicaria foliosa* var. *paludicola*
ミヤマハルガヤ	*Anthoxanthum nipponicum*	ヤナギノギク	*Aster hispidus* var. *leptocladus*
ミョウコウトリカブト	*Aconitum nipponicum* subsp. *nipponicum* var. *septemcarpum*	ヤハズマンネングサ	*Sedum tosaense*
ムカデラン	*Cleisostoma scolopendrifolium*	ヤブムグラ	*Galium niewerthii*
ムシャリンドウ	*Dracocephalum argunense*	ヤブヨモギ	*Artemisia rubripes*
ムセンスゲ	*Carex livida*	ヤマコンニャク	*Amorphophallus kiusianus*
ムニンイヌツゲ	*Ilex matanoana*	ヤマトホシクサ	*Eriocaulon japonicum*
ムニンイヌノハナヒゲ	*Rhynchospora chinensis* var. *curvoaristata*	ヤマワキオゴケ	*Vincetoxicum yamanakae*
ムニンエダウチホングウシダ	*Lindsaea repanda*	ユウシュンラン	*Cephalanthera erecta* var. *subaphylla*
ムニンゴシュユ	*Melicope nishimurae*	ユキバヒゴタイ	*Saussurea chionophylla*
ムニンサジラン	*Loxogramme boninensis*	ユキモチソウ	*Arisaema sikokianum*
ムニンシダ	*Asplenium polyodon*	ユビソヤナギ	*Salix hukaoana*
ムニンシャシャンボ	*Vaccinium boninense*	ヨウラクツツジ	*Menziesia purpurea*
ムニンセンニンソウ	*Clematis terniflora* var. *boninensis*	リシリオウギ	*Astragalus frigidus* subsp. *parviflorus*
		リシリカニツリ	*Trisetum spicatum* subsp. *alascanum*

リシリビャクシン	*Juniperus communis* var. *montana*
リシリリンドウ	*Gentiana jamesii* var. *jamesii*
リュウキュウコケリンドウ	*Gentiana satsunanensis*
リュウキュウコンテリギ	*Hydrangea liukiuensis*
リュウキュウツルマサキ	*Euonymus fortunei* var. *austroliukiuensis* (in schedule)
ルリトラノオ	*Veronica subsessilis*
レブンコザクラ	*Primula modesta* var. *matsumurae*
レンギョウエビネ	*Calanthe lyroglossa*
ロクオンソウ	*Vincetoxicum amplexicaule*
ワガトリカブト	*Aconitum okuyamae* var. *wagaense*
ワタナベソウ	*Peltoboykinia watanabei*
ワタムキアザミ	*Cirsium tashiroi* var. *tashiroi*
ワダンノキ	*Dendrocacalia crepidifolia*
ワンドスゲ	*Carex argyi*

準絶滅危惧(NT)

アカハダクスノキ	*Beilschmiedia erythrophloia*
アギナシ	*Sagittaria aginashi*
アサザ	*Nymphoides peltata*
アサマスゲ	*Carex lithophila*
アサマフウロ	*Geranium soboliferum* var. *hakusanense*
アシボソスゲ	*Carex scita* var. *brevisquama*
アズマツメクサ	*Tillaea aquatica*
アソノコギリソウ	*Achillea alpina* subsp. *subcartilaginea*
アツバタツナミソウ	*Scutellaria tsusimensis*
アテツマンサク	*Hamamelis japonica* var. *bitchuensis*
アワガタケスミレ	*Viola awagatakensis*
イシモチソウ	*Drosera peltata* var. *nipponica*
イチョウシダ	*Asplenium ruta-muraria*
イトキンポウゲ	*Ranunculus reptans*
イトテンツキ	*Bulbostylis densa* var. *capitata*
イトトリゲモ	*Najas gracillima*
イトモ	*Potamogeton berchtoldii*
イトラッキョウ	*Allium virgunculae* var. *virgunculae*
イナデンダ	*Polystichum inaense*
イヌイワデンダ	*Woodsia intermedia*
イヌタヌキモ	*Utricularia australis*
イブキレイジンソウ	*Aconitum chrysopilum*
イブダケキノボリシダ	*Diplazium crassiusculum*
イヨフウロ	*Geranium shikokianum* var. *shikokianum*
イワザクラ	*Primula tosaensis* var. *tosaensis*
ウスギムヨウラン	*Lecanorchis kiusiana*

ウスギモクセイ	*Osmanthus fragrans* var. *thunbergii*
ウスゲチョウジタデ	*Ludwigia epilobioides* subsp. *greatrexii*
ウスバイシカグマ	*Microlepia substrigosa*
ウミジグサ	*Halodule uninervis*
ウミヒルモ	*Halophila ovalis*
ウラギク	*Aster tripolium*
ウルップソウ	*Lagotis glauca*
ウンヌケモドキ	*Eulalia quadrinervis*
エキサイゼリ	*Apodicarpum ikenoi*
エゾゴゼンタチバナ	*Cornus suecica*
エゾサワスゲ	*Carex viridula*
エゾミヤマヤナギ	*Salix hidewoi*
エダウチクジャク	*Lindsaea heterophylla*
エビアマモ	*Phyllospadix japonicus*
エビネ	*Calanthe discolor*
オオウメガサソウ	*Chimaphila umbellata*
オオクグ	*Carex rugulosa*
オオシケシダ	*Deparia bonincola*
オオシバナ	*Triglochin maritima*
オオタヌキモ	*Utricularia macrorhiza*
オオバタチツボスミレ	*Viola langsdorfii* subsp. *sachalinensis*
オオビランジ	*Silene keiskei*
オオホシダ	*Thelypteris boninensis*
オオメノマンネングサ	*Sedum rupifragum*
オオヤマジソ	*Mosla japonica* var. *hadae*
オガサワラアザミ	*Cirsium boninense*
オキナワコクモウクジャク	*Diplazium virescens* var. *okinawaensis*
オキナワヒメナキリ	*Carex tamakii*
オキナワムヨウラン	*Lecanorchis triloba*
オダサムタンポポ	*Taraxacum platypecidum*
オトメアオイ	*Asarum savatieri* subsp. *savatieri*
オモロカンアオイ	*Asarum dissitum*
ガガブタ	*Nymphoides indica*
カキツバタ	*Iris laevigata*
カゲロウラン	*Zeuxine agyokuana*
カザグルマ	*Clematis patens*
カモメラン	*Galeorchis cyclochila*
カワヂシャ	*Veronica undulata*
カワツルモ	*Ruppia maritima*
カワラニガナ	*Ixeris tamagawaensis*
キイシモツケ	*Spiraea nipponica* var. *ogawae*
キクガラクサ	*Ellisiophyllum pinnatum* var. *reptans*
キクタニギク	*Chrysanthemum seticuspe* var. *boreale*
キタダケオドリコソウ	*Lamium album* var. *kitadakense*
キノクニスゲ	*Carex matsumurae*
キバナハハネコノメ	*Chrysosplenium album* var. *flavum*

キリシマミズキ	*Corylopsis glabrescens*	シマイワウチワ	*Shortia rotundifolia* var. *rotundifolia*
クサタチバナ	*Vincetoxicum acuminatum*		
クジュウツリスゲ	*Carex kujuzana*	**シマオオタニワタリ**	*Asplenium nidus*
クニガミサンショウヅル	*Elatostema suzukii*	シマカナメモチ	*Photinia wrightiana*
クマガワイノモトソウ	*Pteris deltodon*	シマギンレイカ	*Lysimachia decurrens*
クマノマスズメノヒエ	*Luzula arcuata* subsp. *unalaschkensis*	シマザクラ	*Hedyotis leptopetala*
		シマサルスベリ	*Lagerstroemia subcostata* var. *subcostata*
クロイヌノヒゲ	*Eriocaulon atrum*		
クロフネサイシン	*Asarum dimidiatum*	シマタヌキラン	*Carex okuboi*
ケナシツルモウリンカ	*Tylophora tanakae* var. *glabrescens*	シマモチ	*Ilex mertensii* var. *mertensii*
		シラヒゲムヨウラン	*Lecanorchis flavicans* var. *acutiloba*
ゲンカイツツジ	*Rhododendron mucronulatum* var. *ciliatum*		
		シラン	*Bletilla striata*
ゲンカイミミナグサ	*Cerastium fischerianum* var. *molle*	シロウマイタチシダ	*Dryopteris shiroumensis*
		シロウマリンドウ	*Gentianopsis yabei* var. *yabei*
コアツモリソウ	*Cypripedium debile*	ジングウスゲ	*Carex sacrosancta*
コイヌガラシ	*Rorippa cantoniensis*	スキヤクジャク	*Adiantum diaphanum*
コウシュンカズラ	*Tristellateia australasiae*	スゲアマモ	*Zostera caespitosa*
コウシュンモダマ	*Entada phaseoloides*	スズサイコ	*Vincetoxicum pycnostelma*
コウヅシマクラマゴケ	*Selaginella doederleinii* var. *opaca*	ズソウカンアオイ	*Asarum savatieri* subsp. *pseudosavatieri* var. *pseudosavatieri*
コケトウバナ	*Clinopodium multicaule* var. *yakusimense*		
		セツブンソウ	*Shibateranthis pinnatifida*
コケハリガネスゲ	*Carex koyaensis* var. *yakushimensis*	センダイソウ	*Saxifraga sendaica*
		センダイタイゲキ	*Euphorbia sendaica*
コケホラゴケ	*Crepidomanes makinoi*	タイキンギク	*Senecio scandens*
コゴメヌカボシ	*Luzula piperi*	タイシャクカラマツ	*Thalictrum kubotae*
コゴメビエ	*Paspalidium distans*	タイワンアシカキ	*Leersia hexandra*
コシノカンアオイ	*Asarum megacalyx*	タイワンホウビシダ	*Hymenasplenium apogamum*
コスギイタチシダ	*Dryopteris yakusilvicola*	タカクマホトトギス	*Tricyrtis flava* subsp. *ohsumiensis*
コモチミミコウモリ	*Parasenecio auriculatus* var. *bulbifer*		
		タカサゴシダ	*Dryopteris formosana*
コヤスノキ	*Pittosporum illicioides*	タカネイ	*Juncus triglumis*
サギソウ	*Pecteilis radiata*	タカネコウリンカ	*Tephroseris takedana*
サクラソウ	*Primula sieboldii*	タカネスミレ	*Viola crassa*
サクラバハンノキ	*Alnus trabeculosa*	**タカネハリスゲ**	*Carex pauciflora*
サコスゲ	*Carex sakonis*	タカネヤガミスゲ	*Carex lachenalii*
サツマハギ	*Lespedeza thunbergii* subsp. *satsumensis*	タキミチャルメルソウ	*Mitella stylosa* var. *stylosa*
		タコノアシ	*Penthorum chinense*
サツママンネングサ	*Sedum satumense*	**タシロラン**	*Epipogium roseum*
シオニラ	*Syringodium isoetifolium*	タチキランソウ	*Ajuga makinoi*
シオミイカリソウ	*Epimedium trifoliatobinatum* subsp. *maritimum*	タチバナ	*Citrus tachibana*
		タチモ	*Myriophyllum ussuriense*
シコタンキンポウゲ	*Ranunculus grandis* var. *austrokurilensis*	タテヤマギク	*Aster dimorphophyllus*
		タニジャコウソウ	*Chelonopsis longipes*
シチョウゲ	*Leptodermis pulchella*	タヌキモ	*Utricularia japonica*
シデコブシ	*Magnolia stellata*	タマミクリ	*Sparganium glomeratum*
シナノコザクラ	*Primula tosaensis* var. *brachycarpa*	タライカヤナギ	*Salix taraikensis*
		チシマリンドウ	*Gentianella auriculata*
シバナ	*Triglochin asiatica*	チョウカイアザミ	*Cirsium chokaiense*
シブツアサツキ	*Allium schoenoprasum* var. *shibutuense*	チョウジガマズミ	*Viburnum carlesii* var. *bitchiuense*
シマイヌザンショウ	*Zanthoxylum schinifolium* var. *okinawensis*	チョウジソウ	*Amsonia elliptica*
		チョウセンヒメツゲ	*Buxus sinica* var. *insularis*

ツクシアカショウマ	*Astilbe thunbergii* var. *longipedicellata*	ヒメサユリ	*Lilium rubellum*
ツクシアケボノツツジ	*Rhododendron pentaphyllum* var. *pentaphyllum*	ヒメシャガ	*Iris gracilipes*
ツクシチャルメルソウ	*Mitella kiusiana*	ヒメタヌキモ	*Utricularia minor*
ツメレンゲ	*Orostachys japonica*	ヒメノコギリシダ	*Diplazium wichurae* var. *amabile*
ツルカタヒバ	*Selaginella biformis*	ヒメハッカ	*Mentha japonica*
ツルマンリョウ	*Myrsine stolonifera*	ヒメミズニラ	*Isoetes asiatica*
テイネニガクサ	*Teucrium teinense*	ヒメミゾシダ	*Stegnogramma gymnocarpa* subsp. *amabilis*
テリハアザミ	*Cirsium lucens* var. *lucens*	ヒメミヤマカラマツ	*Thalictrum nakamurae*
テングノコヅチ	*Tripterospermum japonicum* var. *involubile*	ヒメワタスゲ	*Trichophorum alpinum*
トガクシソウ	*Ranzania japonica*	ヒロハオゼヌマスゲ	*Carex traiziscana*
トカラカンアオイ	*Asarum tokarense*	ヒロハヤマヨモギ	*Artemisia stolonifera*
トカラノギク	*Chrysanthemum ornatum* var. *tokarense*	フクド	*Artemisia fukudo*
トキソウ	*Pogonia japonica*	フジバカマ	*Eupatorium japonicum*
トクサラン	*Cephalantheropsis gracilis*	ブゼンノギク	*Aster hispidus* var. *koidzumianus*
トサノアオイ	*Asarum costatum*	ベニアマモ	*Cymodocea rotundata*
トサミズキ	*Corylopsis spicata*	ホウライハナワラビ	*Botrychium formosanum*
トチカガミ	*Hydrocharis dubia*	ボウラン	*Luisia teres*
ナガエミクリ	*Sparganium japonicum*	ホソバイヌタデ	*Persicaria erectominor* var. *trigonocarpa*
ナカガワノギク	*Chrysanthemum yoshinaganthum*	ホソバオオカグマ	*Woodwardia kempii*
ナガバノウナギツカミ	*Persicaria hastatosagittata*	ホソバオゼヌマスゲ	*Carex nemurensis*
ナガミノツルキケマン	*Corydalis raddeana*	ホソバクリハラン	*Lepisorus boninensis*
ナンピノデ	*Polystichum otomasui*	ホソバナコバイモ	*Fritillaria amabilis*
ニコゲルリミノキ	*Lasianthus hispidulus*	マツバウミジグサ	*Halodule pinifolia*
ニセヨゴレイタチシダ	*Dryopteris hadanoi*	マツバコケシダ	*Crepidomanes latemarginale*
ニッケイ	*Cinnamomum sieboldii*	マツバラン	*Psilotum nudum*
ニョホウチドリ	*Orchis joo-iokiana*	マネキグサ	*Loxocalyx ambiguus*
ニンドウバノヤドリギ	*Taxillus nigrans*	マメヅタラン	*Bulbophyllum drymoglossum*
ネジリカワツルモ	*Ruppia cirrhosa*	マヤプシギ	*Sonneratia alba*
ネズミシバ	*Tripogon chinensis*	マルバニッケイ	*Cinnamomum daphnoides*
ネモロスゲ	*Carex gmelinii*	マルバホングウシダ	*Lindsaea orbiculata* var. *orbiculata*
ノウルシ	*Euphorbia adenochlora*	マルミノウルシ	*Euphorbia ebracteolata*
ハイハマボッス	*Samolus parviflorus*	マルヤマシュウカイドウ	*Begonia formosana*
ハコネオトギリ	*Hypericum hakonense*	マンシュウスイラン	*Hololeion maximowiczii*
ハコネシロカネソウ	*Dichocarpum hakonense*	ミカワショウマ	*Astilbe odontophylla* var. *okuyamae*
ハスノハイチゴ	*Rubus peltatus*	ミクリ	*Sparganium erectum*
ハチジョウカナワラビ	*Arachniodes davalliiformis*	ミズアオイ	*Monochoria korsakowii*
ハマサジ	*Limonium tetragonum*	ミズニラ	*Isoetes japonica*
ハママンネングサ	*Sedum formosanum*	ミズネコノオ	*Pogostemon stellatus*
ハリツルマサキ	*Maytenus diversifolia*	ミスミソウ	*Hepatica nobilis* var. *japonica*
ハンコクシダ	*Diplazium pullingeri*	ミゾコウジュ	*Salvia plebeia*
ヒゲハリスゲ	*Kobresia myosuroides*	ミチノクフクジュソウ	*Adonis multiflora*
ヒナザサ	*Coelachne japonica*	ミヤマイ	*Juncus beringensis*
ヒメウシオスゲ	*Carex subspathacea*	ミヤマイワデンダ	*Woodsia ilvensis*
ヒメウスユキソウ	*Leontopodium shinanense*	ミヤマコアザミ	*Cirsium japonicum* var. *ibukiense*
ヒメカイウ	*Calla palustris*	ミヤマムギラン	*Bulbophyllum japonicum*
ヒメカカラ	*Smilax biflora*	ミヤマモミジイチゴ	*Rubus pseudoacer*
ヒメキツネノボタン	*Ranunculus silerifolius* var. *yaegatakensis*	ミヤマヤチヤナギ	*Salix fuscescens*
ヒメコヌカグサ	*Agrostis valvata*		

ムカゴネコノメ	*Chrysosplenium maximowiczii*
ムギラン	*Bulbophyllum inconspicuum*
ムニンアオガンピ	*Wikstroemia pseudoretusa*
ムラサキセンブリ	*Swertia pseudochinensis*
ムラサキミミカキグサ	*Utricularia uliginosa*
モミジコウモリ	*Parasenecio kiusianus*
モミジチャルメルソウ	*Mitella acerina*
ヤエガワカンバ	*Betula davurica*
ヤエヤマコクタン	*Diospyros egbert-walkeri*
ヤエヤマヤシ	*Satakentia liukiuensis*
ヤエヤマラセイタソウ	*Boehmeria yaeyamensis*
ヤクシマアザミ	*Cirsium yakusimense*
ヤクシマイバラ	*Rosa onoei* var. *yakualpina* (*in schedule*)
ヤクシマガクウツギ	*Hydrangea luteovenosa* var. *yakusimensis*
ヤクシマカンスゲ	*Carex morrowii* var. *laxa*
ヤクシマコウモリ	*Parasenecio yakusimensis*
ヤクシマサルスベリ	*Lagerstroemia subcostata* var. *fauriei*
ヤクシマヒメアリドオシラン	*Kuhlhasseltia yakushimensis*
ヤシャビシャク	*Ribes ambiguum*
ヤチマタイカリソウ	*Epimedium grandiflorum* var. *grandiflorum*
ヤツガタケシノブ	*Cryptogramma stelleri*
ヤマクボスゲ	*Carex hymenodon*
ヤマザトタンポポ	*Taraxacum arakii*
ヤマジソ	*Mosla japonica* var. *japonica*
ヤマシャクヤク	*Paeonia japonica*
ヤマスカシユリ	*Lilium maculatum* var. *monticola*
ヤマトミクリ	*Sparganium fallax*
ヤマトレンギョウ	*Forsythia japonica*
ヤリテンツキ	*Fimbristylis ovata*
ヤンバルキヌラン	*Zeuxine gracilis* var. *tenuifolia*
ヤンバルフモトシダ	*Microlepia hookeriana*
ユウレイラン	*Didymoplexis pallens*
ヨコヤマリンドウ	*Gentiana glauca*
リシリシノブ	*Cryptogramma crispa*
リシリトウウチソウ	*Sanguisorba stipulata* var. *riishirensis*
リュウキュウアマモ	*Cymodocea serrulata*
リュウキュウスガモ	*Thalassia hemprichii*
リュウキュウツワブキ	*Farfugium japonicum* var. *luchuense*
リュウキュウハナイカダ	*Helwingia japonica* subsp. *liukiuensis*
リュウノヒゲモ	*Potamogeton pectinatus*
リュウビンタイモドキ	*Ptisana boninensis*
ワカサハマギク	*Chrysanthemum wakasaense*
ワニグチモダマ	*Mucuna gigantea*

情報不足 (DD)

アイヌムギ	*Hystrix komarovii*
アポイミセバヤ	*Hylotelephium cauticola* f. *montana*
イズモサイシン	*Asarum maruyamae*
イヌノグサ	*Carpha aristata*
ウサギギク	*Ixeris chinensis* subsp. *chinensis*
エゾセンノウ	*Silene fulgens*
エゾヤママンテマ	*Silene harae*
エチゴボダイジュ	*Tilia mandshurica* var. *toriiana*
オオバサンザシ	*Crataegus maximowiczii*
オオバナオガタマノキ	*Michelia compressa* var. *macrantha*
オオミネヒナノガリヤス	*Calamagrostis nana* subsp. *ohminensis*
オクシリエビネ	*Calanthe puberula* var. *okushirensis*
オクトネホシクサ	*Paepalanthus kanaii*
オトギリマオ	*Gonostegia pentandra* var. *hypericifolia*
オニコメススキ	*Deschampsia cespitosa* var. *macrothyrsa*
カラフトアツモリソウ	*Cypripedium calceolus*
キタミオトギリ	*Hypericum kitamense*
コブチガザサ	*Isachne globosa* var. *brevispicula*
サツマビャクゼン	*Vincetoxicum doianum*
シオカゼオトギリ	*Hypericum iwatelittorale*
シバネム	*Smithia ciliata*
タイワンキジョラン	*Marsdenia formosana*
タイワンヤマモガシ	*Helicia formosana*
タニイチゴツナギ	*Poa yatsugatakensis*
タンバヤブレガサ	*Syneilesis aconitifolia* var. *longilepis*
チシマスズメノヒエ	*Luzula kjellmanniana*
ツシマカンコノキ	*Glochidion puberum*
ツシマニオイシュンラン	*Cymbidium* sp.
ニセコガネギシギシ	*Rumex trisetifer*
ハクウンシダ	*Blechnum hancockii*
ハリザクロ	*Xeromphis spinosa*
ヒメクチバシグサ	*Lindernia tenuifolia*
フウセンアカメガシワ	*Kleinhovia hospita*
ホウライアオカズラ	*Gymnema sylvestre*
マシュウヨモギ	*Artemisia tsuneoi*
マルバオウセイ	*Polygonatum falcatum* var. *trichosanthum*
ムラサキムヨウラン	*Lecanorchis purpurea*

和名索引

◇ ア行

アオキラン ……………………… 166
アツバタツナミソウ …………… 207
アツモリソウ …………………… 28
アマノホシクサ ………………… 176
アマミアセビ …………………… 36
アマミエビネ …………………… 48
アマミカジカエデ ……………… 196
アマミテンナンショウ ………… 144
イナヒロハテンナンショウ …… 143
イワザクラ ……………………… 114
ウケユリ ………………………… 38
ウジルカンダ …………………… 163
エクボサイシン ………………… 68
エビネ …………………………… 42
オオキンレイカ ………………… 56
オオチョウジガマズミ ………… 206
オオバカンアオイ ……………… 70
オガタテンナンショウ ………… 152
オグラコウホネ ………………… 58
オナガカンアオイ ……………… 72
オハグロスゲ …………………… 134

◇ カ行

カイコバイモ …………………… 60
カッコソウ ……………………… 108
カミガモソウ …………………… 62
カンラン ………………………… 90
キイジョウロウホトトギス …… 124
キエビネ ………………………… 44
キバナシュスラン ……………… 170

キバナノアツモリソウ ………… 34
キバナノショウキラン ………… 120
キバナノツキヌキホトトギス … 127
キブネダイオウ ………………… 92
キリシマエビネ ………………… 46
キリシマタヌキノショクダイ … 140
キレンゲショウマ ……………… 94
クジュウツリスゲ ……………… 133
グスクカンアオイ ……………… 82
クマガイソウ …………………… 32
クモイコザクラ ………………… 109
クモイジガバチ ………………… 96
クロホシクサ …………………… 177
コアツモリソウ ………………… 35
コウシュンモダマ ……………… 184
コケセンボンギク ……………… 98
コケタンポポ …………………… 98
コブシモドキ …………………… 100
コブラン ………………………… 102

◇ サ行

サガミジョウロウホトトギス … 125
サカワサイシン ………………… 78
サクライソウ …………………… 104
サクラジマエビネ ……………… 50
サマニユキワリ ………………… 110
シジキカンアオイ ……………… 80
シソバウリクサ ………………… 172
シナノコザクラ ………………… 113
シナノショウキラン …………… 119
シマオオタニワタリ …………… 115
シマタキミシダ ………………… 138

シモダカンアオイ ……………… 136
シュミットスゲ ………………… 135
ショウキラン …………………… 121
ジョウロウホトトギス ………… 123
シラタマホシクサ ……………… 178
スルガジョウロウホトトギス ………… 126
セッピコテンナンショウ ……… 146
ソナレセンブリ ………………… 136
ソラチコザクラ ………………… 109

◇ タ行

タカネハリスゲ ………………… 133
タガネラン ………………………… 54
タキミシダ ……………………… 138
タシロラン ……………………… 167
タヌキノショクダイ …………… 140
タマムラサキ …………………… 205
チチブイワザクラ ……………… 112
ツクシクロイヌノヒゲ ………… 179
ツシマスゲ ……………………… 132
ツシマニオイシュンラン ……… 200
ツシマヒョウタンボク ………… 204
ツシマラン ……………………… 203
テシオコザクラ ………………… 111
トキソウ ………………………… 154
トキワバイカツツジ …………… 156
トクシマサイハイラン ………… 158
トサノアオイ ……………………… 77
トビカズラ ……………………… 160
トラキチラン …………………… 164
トリガミネカンアオイ …………… 82

◇ ナ行

ナギヒロハテンナンショウ …… 143

◇ ハ行

ハナノキ ………………………… 168
ヒダカイワザクラ ……………… 110
ヒメアゼスゲ …………………… 134
ヒメシラヒゲラン ……………… 170
ヒメハイチゴザサ ……………… 172
ヒュウガヒロハテンナンショウ … 150
ヒュウガホシクサ ……………… 180
ヒロハタマミズキ ……………… 197
フクエジマカンアオイ …………… 81
フジノカンアオイ ………………… 86
ホウキボシイヌノヒゲ ………… 181
ホシザキカンアオイ ……………… 79
ホテイアツモリソウ ……………… 30
ホテイラン ……………………… 182
ホロテンナンショウ …………… 143

◇ マ行

ムジナノカミソリ ……………… 202
モダマ …………………………… 184

◇ ヤ行

ヤクシマヒメアリドオシラン …… 186
ヤシャビシャク ………………… 188
ヤドリコケモモ ………………… 190
ヤマタヌキラン ………………… 130

◇ ラ行

リュウキュウアセビ ……………… 36

◇ ワ行

ワダツミノキ …………………… 194
ワニグチモダマ ………………… 163

あとがき　　　長澤淳一

　絶滅危惧植物など稀少な植物の自然な姿を見ていただきたく図鑑をつくりました。

　入門書として様々なタイプの植物を網羅し、絶滅の危険度が高い種を多く紹介するという編集意図のもとで作業に取り掛かりましたが、ＩＡ類の写真を中心にするのは非常にハードルが高く、結局、興味のあるものや、地理的に近い西日本中心の内容になってしまいました。この点はご容赦いただければ幸いです。学生の頃にリバーサルで撮影した古い写真も少し使いました。

　花はいいなあ、という漠然とした思いから大学を選び、植物に関わる仕事に就き、ここまで来ました。その歩みをこのような形でまとめられたのは望外の喜びです。タキイ種苗株式会社の月刊誌『はなとやさい』に絶滅危惧植物の記事を書かせていただき、それを見た創元社の橋本隆雄さんからこの出版のお話を頂戴しました。実現まで長い時間がかかりましたが、その間辛抱強く待っていただいた創元社の皆様には大変感謝しております。

　最後にこの本の校正をするにあたり私とは全く違う視点から用語や構成について貴重なご意見を京都府立植物園の元同僚である仲尾謙二さんからいただきました。

　本当に皆さまいろいろありがとうございました。

　写真を撮影するにあたり各地で活動されている方々に多大な援助、協力をいただきました。一部になりますが感謝の意を込めて紹介させていただきたいと思います。

　まずは京都大学の瀬戸口浩彰教授です。

　この本のパート１の解説部分を書いていただきました。アセビに始まって、キブネダイオウやオオキンレイカの保全など様々な活動に私を誘っていただき、学者の視点でいろいろ教えていただきました。

瀬戸口教授（右）、稲垣さん（左）、國忠征美さん（中央）

前田さん（左）、服部先生（右）

　奄美大島に初めて足を踏み入れたのは2000年でした。そこで前田芳之さんや服部正策先生と知り合いました。奄美大島はランやカンアオイが豊富で、日本で一番植物の多様性が高く、非常に魅力的な島でした。

　服部先生はハブの研究者で、黒糖焼酎やタンカンについて造詣が深く様々なことを教わりました。前田さんは2017年にお亡くなりになりました。残念でなりません。ご冥福をお祈りします。豪快な方で、お酒が好きで、いつもパイプをくわえ、「酒の飲めない友達はお前だけだ」などと言ってもらいました。

　高知は日本で2番目に植物の多様性が高い場所だと言われています。高知自動車道でトンネルを抜けると陽射しが一変し、トマトやカツオ、直七など食べ物がとてもおいしいところです。

　高知では高知県立牧野植物園の稲垣典年さんやラン、カンアオイの専門家の寺峰孜先生をはじめ多くの皆様にお世話になり、ジョウロウホトトギスやキレンゲショウマ、コオロギランなど多くの貴重な植物を見ることができました。

稲垣さん（左）、寺峰先生（右）

長野県では高森町の中川久雄さん
や瑞浪市の山口清重さんに連れられ
て、伊那谷や木曽谷を中心に非常に
楽しく見て回りました。ソバや野菜、
果物がおいしいところです。長野県
は広くて様々な観察ポイントがあり
ます。限られたところにしか行って
ないのでまだまだ知らない場所や植
物がたくさんありそうです。

山口さん（左）、中川さん（右）

　宮崎では高鍋町の脇田洋一さんに港に着いてか
ら帰るまですべて丸抱えでお世話になっています。
宮崎はすごく居心地の良い場所で、脇田さんの植
物仲間である増田文隆さん、中村崇行さん、飯干
章さんらにもお世話になって、絶滅危惧植物の核
となるようなカンアオイやテンナンショウ、ラン
などの魅力的な植物を見て回っています。

左から増田さん、飯干さん、中村さん、脇田さん、学生さん

対馬では國分英俊先生ご夫妻や対馬市役所の皆様にお世話になり、シカの食害のすごさに驚きながら大陸とのつながりが深い独特の植物相を見て回りました。奥様の愛子さんにはいつもおいしい料理で歓待していただきました。國分先生は残念ながら2018年にお亡くなりになりました。もっといろいろ案内してほしかったです。

國分先生ご夫妻

石川さん(左)、大谷さん(右)

長崎では九十九島動植物園の石川智昇さんにお世話になりました。九十九島ビジターセンターの大谷拓也さんには船を出して、無人島のトコイ島に連れて行っていただきました。谷一面に繁茂したトビカズラは野性的で圧巻でした。

静岡ではホトトギスやソナレセンブリ、カイコバイモなどの希少な植物を西口紀雄さん、古木茂さんにご案内いただきました。いつも静岡駅前で待っていただいてクルマで方々を連れ歩いてくださりました。西口さんも最近植物の写真集を出されています。

静岡もまだまだいろいろな植物がありそうな場所だと思います。

西口さん

北海道には京都大学の阪口翔太先生に連れて行っていただき、旭川市にある北邦野草園の園長の堀江健二博士と最近知り合いました。旭川周辺を中心にご案内いただきましたが、最北端にある植物園で非常に質の高い仕事をされていることに大変驚きました。

堀江先生

山幡さん（左）、森本さん（右）

大阪の山幡英示さん、森本精さんのお二人はコンビで活動されていて園芸の分野でもいろいろお世話になりました。森本さんは大型のフジノカンアオイを世に出した人です。山幡さんは伝説のカンアオイハンターでいろいろな希少植物の情報をお持ちです。

地元である京都の芦生では研究林事務所の皆さん、京都大学の阪口翔太先生、そして芦生の主、福本繁さんにお世話になりました。福本さんは芦生一帯を年に100日以上歩き回って、今でも新産地となるような植物を発見され続けています。

福本さん（左から2番目）、阪口先生（右）、京都府立植物園絶滅危惧種担当：平塚健一さん（左）、船津慧さん（左から3番目）

［著］**長澤 淳一**（ながさわ・じゅんいち）

京都府立大学京都地域未来創造センター客員教授。千葉大学園芸学部園芸
学科卒。在学中から稀少な植物を求めて全国各地を巡り写真撮影を始める。
京都府丹後農業研究所、京都府山城園芸研究所を経て1991年より京都府立
植物園へ。樹木係、温室係を担当した後、2013〜2017年まで同園の園長を
務める。長く絶滅危惧種の調査と保護、増殖を中心に活動を続ける。

［著］**瀬戸口 浩彰**（せとぐち・ひろあき）

京都大学大学院地球環境学堂生物多様性保全論分野／大学院人間・環境学
研究科生物環境動態論講座（併任）教授。専門は植物の系統分類学や系統地
理学を基盤とした進化多様性に関する研究、および絶滅に瀕した植物集団
の保全研究。共著書に『植物地理の自然史──進化のダイナミクスにアプ
ローチする』（北海道大学出版会）がある。

知っておきたい 日本の絶滅危惧植物図鑑

2020年4月20日　第1版第1刷発行
2021年3月10日　第1版第3刷発行

著　者　　長澤淳一、瀬戸口浩彰
発行者　　矢部敬一
発行所　　株式会社 創元社
　　　　　https://www.sogensha.co.jp/
　　　　　〔本社〕
　　　　　〒541-0047 大阪市中央区淡路町4-3-6
　　　　　Tel.06-6231-9010 Fax.06-6233-3111
　　　　　〔東京支店〕
　　　　　〒101-0051 東京都千代田区神田神保町1-2 田辺ビル
　　　　　Tel.03-6811-0662

組版・装丁　北尾崇（HON DESIGN）
印刷所　　株式会社ムーブ

©2020 Junichi Nagasawa, Hiroaki Setoguchi
ISBN978-4-422-43030-0 C0045
Printed in Japan

本書の感想をお寄せください
投稿フォームはこちらから

写真点数
600点以上！

種類・特徴から材質・用途までわかる

樹木と木材の図鑑
——日本の有用種101

西川 栄明 著／小泉 章夫 監修

B5判・並製・224ページ
定価（本体3200円＋税）
ISBN978-4-422-44006-4

自然観察や木材加工に役立つ かつてないビジュアルガイド

日本の有用種101種を見開きごとに掲載。葉や樹皮を含む立ち木、色や木目がわかる平板の木材見本、家具・道具や建築物といったその木が使われているものの写真に、木の特徴や用途がわかる解説を加え紹介する。自然愛好家の方から木のプロまで、樹木には詳しいが木材のことも知りたい、材のことならわかるが木や葉のこともっと学びたい人に最適な一冊。